零到一的夢想起飛

鎖國璽——著

自序

我在二十六歲的年紀進入了航空公司，順利完訓達成自己的目標——成為一名飛行員。

從大學開始，我便對自己的未來有很多的期許，並勇於嘗試做各種不同的挑戰；在跟朋友吃喝玩樂、享受青春的同時，心裡也不禁起了擔憂——我不想這輩子一成不變，希望未來能夠成為一個更好的人，包括精通各國語言、瞭解各種不同文化，可是悠閒的玩樂並不能達到我的目標，就這樣每天醉生夢死好嗎？

進大學之前，我從來不愛念書，成績也不好，從小到大不知道自己是為了什麼要一直死背不喜歡的東西，可是上大學後，我的想法開始改變，也養成了一個習慣——投資自己的未來。我藉由讀書為未來努力耕耘，希望自己有朝一日可以站上國際舞台，而不是侷限於台灣；所以我開始勤學語言，利用寒暑假，還有大三交換學生的機會，我精通了日文，並利用大四課餘時間加強自己的英文能力。畢業前，我通過日文一級檢定，也拿到多益金色證書，但是我自覺最大的收穫是：養成每天讀書充實自己的習慣。

在精通別種語言之後，我發現有些國家文化要以該國語言思考才可以深入了解，而這些不同的元素都會沉澱在自己的心裡，讓思考更完整多元。當然，讀書不是一件快樂的事情，很花時間，也很辛苦，但是一步一步邁向理想中的自己是快樂的，這為我帶來很強烈的成就感。

畢業後服完兵役，我決定去美國學飛行，去達成一個很遙遠、位於三萬英尺高空的夢想。當時我不知道成為一個飛行員會不會快樂，畢竟飛行相關有限的資訊都是來自外界片面的個人分享，但是至少我「相信」能夠飛上天空中的自己是快樂的，我可以從事這件事情很久很久，這對我來說很重要。當想到未來的自己正在做某件事情時能夠感到幸福，這股力量才會帶來動力驅使我前進！

從退伍直到順利被航空公司錄取的這條路，就是我透過這本書想要分享的故事。這條路是幸福，也是痛苦的，它充滿挫折，卻也帶來許多美好的回憶與感動；我想要分享「追尋夢想」這件事有多麼的重要，可以慢慢成為理想中的自己是有多麼的愉悅！希望藉由這本書可以清楚表達我的感受，並且讓大家了解飛行訓練是怎麼一回事，可以讓每個人在尋夢的過程品嘗那份喜悅，也可以讓想學飛行的人在面對想成為的自己時不再彷徨，能夠擁有勇氣跨出那步追夢之路。

目次

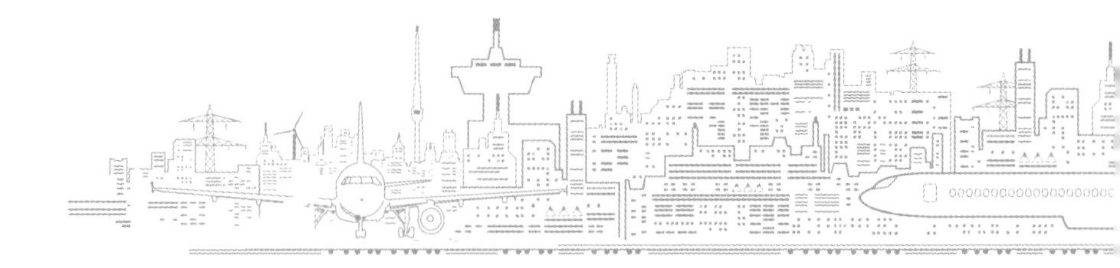

Part 2　Instrument rating　/ 100

Part 3 Commercial pilot / 168

目次

PART 0

PREPARE

去美國之前的準備工作

選擇培訓方式與學校

退伍之後我上網看各家航空公司的招募條件，了解要進入民航當飛行員有三種途徑，包含空軍飛行員退伍、培訓飛行員（從頭到尾都是由公司出錢訓練，簽約年數較長，其中長度因公司而異）以及自訓飛行員（自己去美國拿飛行執照，回台灣考進公司做大客機的訓練）。

因為當時的培訓考試要花半年左右的等待時間，所以我決定省下這些時間，向銀行還有家人貸款去美國拿執照，朝自訓飛行員這個方向努力。下了決定之後，再蒐集飛行員的相關資訊，發現有幾間協會以及基金會在做這方面的指導，我花了一些時間去參加好幾次他們舉辦的說明會，有了大概的了解，包括相關學校費用、訓練時程等等的基本資訊（訓練順利為期一年，學費一百七十萬左右），可是這些資訊並不足夠讓我決定要去哪一家飛行學校；後來Google了很多澳洲與美國的知名飛行學校，包含Phoenix、Mazzi等，也跟他們要了一些報名招生資訊，最後讓我下定決心選擇Hillsboro Aviation的是某一次航空發展協會的說明會。

雖然那陣子已經參加好幾次說明會了，但是那次很特別的是，當時的Hillsboro Aviation老闆Max親自出席說明會，跟與會者聊聊他的學校。最後讓我決定的因素很多，包含奧勒岡是個免稅州，在飛行以及生活上可以省很多錢，課餘出去玩也不用太瞻前顧後；且該學校有良好的訓練記錄，從1980年開始營運沒有出過重大飛安事故；同時設有直升機部門，擁有85架飛機與21架直升機；還有他們的學生人數總共將近四百人，包含中國送過去的培訓學生、五十個左右的台灣人，以及美國、南美、歐洲來的人都有，我很喜歡這種可以交到不同國家朋友的環境，像個小聯合國般充滿了多元的衝擊，在飛行過程中，我們因此可以跟更多不同國家、不同文化的人一起飛，他們的思考方式一定跟自己有很大的差異，學習與他們在飛機中合作、創造良好的駕駛艙氛圍，相信對我未來的職涯會很有幫助；最後就是老闆本人給我的感覺是一個很聰明、很大器的人，我相信這樣子的人辦的學校一定也是很有規劃的。直到現在，我都認為能夠進入Hillsboro Aviation真的非常幸運。

做好行前準備——體檢與簽證

選擇報名學校之前，不要忘記**先在台灣做好台灣飛行員的身體檢查**。

每個國家的體檢標準都不盡相同，為了避免在美國取得飛行執照回台灣後，卻因為體檢不過而不能報考航空公司，絕對要在台灣先拿到飛行員體檢證。這些窘境在我身旁同學也出現過好幾次，經過一番努力結果不能飛真的很可惜。

另外，在美國學飛行的時候，因為打球、滑雪等運動受傷，導致訓練中斷沒辦法繼續的案例也出現過好多次。想成為一個飛行員，首要條件是要有能力把自己的身體健康照顧好才行。

在申請飛行學校時，可以選擇申請M1或是F1簽證，差別在於**F1簽證可以在學習結束後留在學校一到兩年，擔任飛行教官賺錢順便累積時數**。因為兩者的申請過程沒有差異，又考慮到當時的航空業情況，萬一再次出現如2008年的金融海嘯導致招募停擺，與其回台灣枯等，我寧願在美國多待一段時間碰飛機，所以我決定以F1的身分進入美國。

自我充實專業與語文能力

在我完成簽證申請作業後，近期內學校入學時程都已額滿，還要等三個月才可以過去，我把握這段空檔，立刻上網買了一本飛行基礎的書《Rod Machado's Private Pilot Handbook》，讓自己對未來要學習的東西先有初步的了解。

這本書用最淺顯易懂的方式解釋飛機為什麼會飛、飛機裡面的構造、引擎運轉原理、美國航空法規等等，讓我對這趟留學有了更多的期待，之後確實也幫助我在美國地面課程的學習更順利輕鬆。

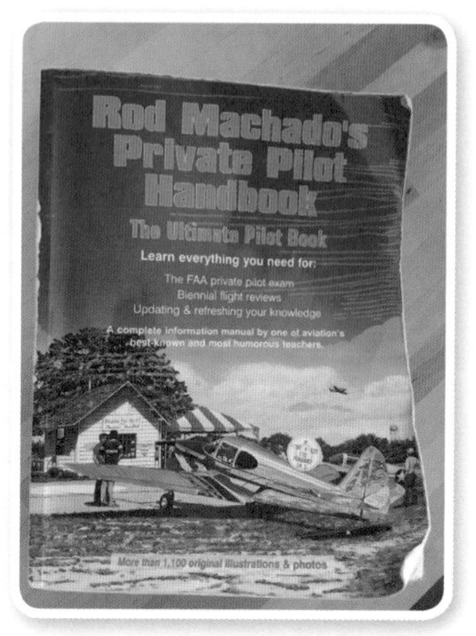

▲簡單易懂的基礎飛行書籍《Rod Machado's Private Pilot Handbook》

等待的三個月中，我把這本書熟讀了好幾遍，確定自己記起來書的內容，一方面也讓自己熟悉飛行英文原文書的閱讀；當然裡面很多專有名詞是我沒有看過的，配合Google查詢再多讀幾遍，漸漸地沒有那麼陌生。另外一方面是練習自己每天讀書的時間長度，我不是一個頭腦很好的人，但是我相信在時間上的努力可以彌補一切，從一開始的每天兩個小時就覺得很累，每天多努力十分鐘，到後來養成了就算在書桌前坐十二個小時也不會累的意志力。

到美國之前，我的英文程度算是中上，多益成績是895分，靠著在大學時期課餘時間的努力，讓我有不錯的閱讀以及聽力能力，可是因為沒有環境幫忙，不是很會也不太敢講。有些人對自己的英文程度沒有自信，會在美國先上一陣子的語言學校再銜接飛行學校，這也是一個方法，但是我個人認為在出發之前多花些時間接觸，到了學校之後，不要每天跟台灣人待在一起，應該要敞開心房交各國的朋友，練習免費的英文口語，那就很足夠了。

什麼樣的人才能成為一個飛行員

一直以來常常有人問：怎麼樣的人才能成為一個飛行員？就我的觀察來看，我認為成功上線**成為一名民航機師有三個要素：努力占百分之八十，天分跟運氣各占百分之十**。

一、努力：在實際開飛機之前，熟讀飛行知識、冥想飛行練習，都是可以花時間做到的，而且相對於其他很多的高薪職業，飛行員不用是一個天才，不需要非常厲害的背書能力或數理能力，就算跟我一樣是個普通人，只要花很多時間，真真正正用心去準備，就會得到相對應的報酬。

二、天分：飛行需要運動神經以及手眼協調，很多航空公司都會在入門考試中將之設為一個項目，有點類似有些人打籃球運球，球運一運會跑掉那種感覺，那可能就不是一個良好手眼協調的證明之一。

三、運氣：在考試的時候會影響到自己成績的因素很多，像是自己的狀態、考官的狀態、考試環境等等，就是屬於運氣的部分。

雖然這麼說，但是我認為努力的程度越高，就可以壓縮沒辦法改變的天分和運氣比例，大大加深自己錄取的可能性。在進入這個窄門之前，真的要付出很大的努力，而大家也常常質疑，雖然這份工作報酬跟福利很好，但是花了這麼多時間，若拿來做其他的事情說不定可以得到更大的投資報酬率，所以在所有條件之上，最重要的是對這份工作的「熱情」。

在去學飛之前，大家都沒有飛過飛機，常常會質疑自己到底是不是真的喜歡飛行，去了之後會不會後悔。我想說，當你沒碰過一個東西，那就不可能知道有多麼喜歡這件事，不去試一試絕對不知道，每個人都應該趁還有時間跟餘力的時候，朝著憧憬的方向前進。

當初我在去美國之前，對飛行員這個職業充滿了夢想，非常憧憬能夠在三萬英呎的高空工作；我思考很久，最後確定絕對要去的原因有幾個：

一、我不喜歡每天在辦公室裡面做重複性太高的工作；二、希望工作充滿挑戰性，那就必須是一個專業；三、我很喜歡旅遊並且探索這個世界，所以可以非常享受這份工作帶來給我的福利。那麼就算我現在不去學飛，當年老了之後，我還是會再花那筆錢到美國體驗飛行拿執照，那何不乾脆在年輕的時候，勇敢站起來，朝著這個夢想前進！

It's not that I'm so smart, it's just that I stay with problems longer.

——Albert Einstein

帶著夢想起飛

2012年，我與在台灣飛行說明會認識的朋友一起搭上達美航空前往美國西岸的奧勒岡州，準備開始飛行訓練，這是一趟非常特別的飛行，因為坐這趟飛機的目的，是為了能夠進入這個行業，學會操縱飛機。

飛行執照的類別

不像台灣才剛成立第一所飛行學校，美國到處都是飛行學校，開飛機對他們來講就像是去駕訓班，有錢你就能學，錢付多了就一定會拿到執照。

飛行執照分很多種，我們必須按部就班先拿到第一張個人飛行用執照（Private pilot license），拿到這張執照就可以租台小飛機帶朋友到處遨遊目視飛行（visual flight rules）；接著是儀器飛行資格（Instrument rating），這個資格讓我們可以藉由儀表板上的導航資訊合法飛進雲裡，這樣在天氣不好的時候（IMC-Instrument meteorological conditions），可以不用看外面，而是靠儀表資訊在天空中飛；最後是商業駕駛執照（Commercial pilot license），它代表在駕駛飛機上有一定的熟練度，相對高的飛行安全讓我們可以以飛行員身分去求職，包含送貨、小飛機噴灑農藥等等。

飛行執照類別

	飛行執照	說明
一	個人飛行用執照（Private pilot license）	可駕駛小飛機並只藉由外在視野做導航。
二	儀器飛行資格（Instrument rating）	可在看不到外在視野的情況下利用飛機內部儀表資訊做導航。
三	商業駕駛執照（Commercial pilot license）	可以飛行員身分求職。

有了這三種執照資格與兩百五十個小時真機飛行時數之後，就可以回台灣以CPL身分去航空公司求職。普遍來說，在台灣可以考慮的公司是長榮、華航、遠東、星宇、虎航、華信、德安，以及一所飛行學校——APEX。少部分國外航空公司也有開放國際CPL報考，可是機會非常渺茫，有些航空公司在台灣要求最低飛時三百小時的規定，所以有些人會飛得比較多。除了這些執照以外，在美國還有許多其他的執照跟資格，例如專業民航機師執照（Airline Transport Pilot license）、水上飛機資格（Seaplane rating）等，要飛各種不同的飛機，又要經過不同的訓練考試，拿到各自的Rating。

在美國想要得到航空機師這份工作，要從小飛機開始飛，先拿到CPL，在飛行學校當飛行教官、四人座觀光小飛機，從乘客數少的小型飛機開始累積時數與經驗，才有機會飛到波音、空巴之類的大飛機，這過程要花好幾年，累積五、六千小時飛時才能得到大公司面試的門票，所以台灣這種CPL招募制度，對很多其他國家來講是不可思議的。

迫不及待的追夢之行

這是我第一次去美國，出發的前一個晚上很興奮，腦海中充滿一萬種萬一，但是就是這種緊張感，每每讓我感受到努力的美好，只有一直持續努力才可以對未來的各種挑戰充滿期待，我等不及去體驗這個過程，包含在那邊的生活、會認識的新朋友、要面對的難關……。我一直深信，在有限的生命當中接受各種擁有無限可能性的挑戰，才會有精神上的成長，讓我的人生更完整，成為一個更有價值的自己。

▲SeaPlane：水上飛機配備有別於一般的輪子，下方的兩個裝置可以讓飛機在水面上漂浮

展開波特蘭新生活

到了波特蘭之後，大家一般都會先租學校提供的宿舍，雖然比較貴，好處是不用擔心到了之後沒地方住；待了一個禮拜熟悉環境之後，與同學在附近合租了我們的第一個家，距離飛行學校走路二十分鐘路程，一個很美麗的鄉下城鎮，附近有好事多、麥當勞、各種餐廳、超市，生活機能非常好。

這個地區的建築物不會高於四層樓，可以很清楚地看到寬闊的天空；每天早上起床，我喜歡拿著一杯咖啡走到陽台，看看藍色的天空，還有很多學校的小飛機在天上準備降落，配著螺旋槳的轉動聲，總是會激起我滿腔的熱血，感受到生活中一種幸福的滋味，讓我很期待每一天會有什麼不同的冒險。

我在二手商品網站Craiglist上買了家具和人生第一輛車，努力建構在這裡新的開始。我很喜歡這邊的生活，路上不會像在台灣一樣車子到處亂竄，常常會有美國大嬸打開車窗跟我問好，雖然只是一個小動作，卻帶給隻身在外的我一份很濃厚的人情味。

▲波特蘭市區照片

就我的感覺，在美國人們都很強調自我，社會的風氣很鼓勵每個人說出自己的想法，而不是一味的迎合，讓我不用在意別人的眼光；人家說做人簡單、做自己難，在這裡大家都在做自己，人與人的交往是快樂的，大家叫我Smiling Ken，因為我很喜歡這種生活的感覺，隨時都不自覺保持著微笑跟人接觸相處。我最近發現，**想要在任何一個領域成功有三個要素：努力、感恩與快樂**，這三個要素一直陪伴著我，讓我目前為止的人生中都很順遂。

第一次越野飛行

剛到學校的前兩個星期，還沒開始學習飛行，我都會去學校待著，認識新的朋友，跟學長們打招呼，運氣好的時候，可以坐在副駕駛座跟飛學長們的飛機，看看未來的工作室。第一次飛上天，是跟著一位叫Sunny的學長，人如其名，他給人的印象非常陽光，我很感謝他送給我第一次的越野飛行。

「越野飛行」英文叫做Cross country，實際上卻不用越過一個國家，只要從出發地點直線距離超過50海哩就稱作越野飛行。走到飛機旁邊，基於安全考量，我們必須要將小飛機用拉把拖到指定空曠的地方才可以發動引擎，遇到附近也要出發或者是剛回來的學生們，都會互相喊著：「Hey！ Where are you flying to？」「Have a nice flight！」之類的互相問候，這種感覺很好，好像在追求自己的夢想的時候，不是隻身一個人，而是擁有很多的夥伴，一起朝著自己的目標前進。

滑行到Run up Area（飛機測試區域）針對飛機的性能做一些檢查，每一趟飛行都要比對飛機檢查表做一整套的程序來確定飛機本身安全適航。有的時候飛機引擎裡面會有機油堵塞或積冰，導致轉速變慢，如果漏掉其中項目，就會導致飛行安全降低，甚至引擎失效。**飛行安全就是要靠每一個細節的維護，任何事故通常不會只是其中一個環節出問題，而是一連串接連發生，所以細心對待飛行這件事情，對我們來說非常重要。**

在確認完飛機的適航性之後，向塔台要求天氣狀況簡報（ATIS）、滑行以及起飛許可。「Tower its Cessna 5199k, I am ready for take off.」這句話是我這輩子講過最帥的話，每次講完都覺得自己像是電影《TOP GUN》裡面的主角湯姆克魯斯！第一次坐在駕駛艙裡面看著飛機起飛，周圍的景色逐漸變小，讓我不自覺的微笑著，到現在也好幾百次起降了，還是會忍不住嘴角上揚，所有的事情隨著數字逐漸升高的高度表好像都不重要了，當下我只要思考如何完成這趟飛行，並且做出一個安全的落地。

開心得飛上天

學長這次帶我去的是南方一個叫Eugene的小機場，天氣和能見度很好，所以看出去的視野很美，遠方有山、有草原，我保證在這世界上所有看過的風景都比不上在駕駛艙裡所看到的。到達平飛巡航高度，學長讓我操控了一下飛機，我緊張得說不出話來，我在飛嗎？冷靜下來之後，我發現自己真的在操控這台飛機，雖然只有短短幾分鐘，但是那種喜悅不是能夠用言語來形容的，人家常說「我開心得飛上天」，不過今天我是真的飛上天了啊！

▲雖然訓練的過程中充滿了自我懷疑，但是在按部就班的努力中帶來了一趟又一趟快樂的飛行

輕輕的控制著方向桿，讓飛機左飄又右移，手上滿是鋼繩帶來的張力感，讓我不太敢再施加更多的壓力，害怕一不小心就把飛機給飛壞了。

到達機場之後，我們在機場加了油，喝了杯咖啡，再吃片餅乾。美國很多小機場都跟台灣的休息站一樣，會提供飲料還有簡單的食物，在這裡吃到的餅乾是我吃過最好吃的，那是一片片帶有成就感的神奇餅乾，飛行過程一路上的努力，讓手中的巧克力餅乾變得不再普通。

接著開始準備啟程回我們的學校，回程已經天黑了，雖然晚上視野會變狹窄，沒辦法目視外面所有的地形，但是飛過一個又一個的小城鎮充滿著絢爛的街燈，又帶來一番不同風味的美麗。回到家後，我問了自己，什麼時候才能夠飛得跟學長一樣好，一個人開飛機出去？充滿期待以及自我懷疑，我真的能夠辦到這些事情嗎？

入學説明會

進入飛行學校之後的兩天，新生們聚集在一個會議室裡面，聽內部人員講解學校的規則，以及介紹一些上課會用到的器具。

十幾個飛行教官（Flight instructor）走進會議室向大家自我介紹，雖然是在美國學飛，但是因為我們的飛行學校有各種國籍的人來拿執照，所以什麼國籍的教官都有：美國、德國、法國、巴西、韓國等等；每個教官分配到四個學生，雖然是稱為教官，但是他們不像台灣學校的教官，不是那麼嚴肅，就跟我們一樣，只是有更多的飛行經驗；其中有兩個看起來吃太多的美國人，讓我很緊張，擔心被分配到他們，這不是歧視他們，也不是懷疑他們的專業能力，只是感覺跟他們一起塞在小小飛機裡的小小座艙會非常辛苦！

與飛行教官初接觸

過了五分鐘，有一位姍姍來遲的漂亮女孩，叫做Kaela，她就是我來美國的第一位飛行教官。她很開朗，總是帶著笑容，雖然教學經驗沒有很豐富，可是很細心，知道我們哪裡知識不足，會找時間幫我們補強；再說，比起許多身材壯碩的男教官，跟Kaela待在一個狹小的空間是比較開心一點。

短暫的自我介紹後，安排彼此上課時間，以及希望的進度。在美國飛行課程的進度是可以自己選擇的，「Pay by each flight」是這所學校的教學方式，你喜歡一個禮拜只飛一次也是可以，也因為這樣，有很多人一拖就是三年，當然，每個人都有自己安排時間的權利，但是時間一拖久，航空公司可能就會認為你沒有飛行的潛質，在考公司的時候被拿來質疑，在這裡大家除了學飛，也是在跟時間賽跑。

我跟Kaela說希望能夠在最快的時間內把課程結束，她告訴我如果順利進行的話，其實一年的時間綽綽有餘。

▲第一天走進學校的停機坪，看著滿地的小飛機與蔚藍的天空，雖然是自己不熟悉的環境，但是難掩熱血沸騰，總感覺能夠下定決心來學飛真是太好了

飛行課程選擇與必備寶典

在美國拿任何一個飛行執照，都有兩個Course可以選擇，第一個是Part 141：屬於按部就班的課程，每一堂課程跟每一個階段都有特定的要求，在每一個階段都要完成規定的目標課程跟累積一定的時數才可以往下一個目標邁進。第二個是Part 61：跟前者完全不同，只要通過最少的要求，就可以申請考試，因為要求沒有那麼嚴密，所以我們一般會認為part 141的課程比較好，可以讓自己的訓練更為完善，而這也是台灣航空公司的要求，如果是拿Part 61的檢定證就沒有報名的資格。

常常看著其他很有天賦的國外飛行員，不到我們一半的時間內就拿到一張又一張的檢定證，讓人非常羨慕，畢竟只要通過最低門檻，時間縮短，不僅可以早點回自己的國家，又可以省下一大筆費用。

在學校規定的訓練課程當中，對地面課程的要求也非常嚴格，教官們要確定你擁有超出基本要求很多的知識，才會幫你申請學校考試，經過無數的小測驗跟無數的模擬測驗，才可以做最終的模擬測驗！接下來才是真正的執照考試（Check ride）。

想在這個商業駕駛執照的荊棘之路上順利過關，要讀的東西非常多，雖然說書是永遠讀不完，但是有幾本寶典是必備的：首先是我們在美國的三本聖經：Jeppesen 出的《Private pilot textbook》、《Instrument rating》還有《Commercial pilot textbook》，這三本書包含每個階段需要知道的基本理論，但有一些需要鑽研的地方，還是要配合Google去查詢。

當我開始飛行，Google對我來說不僅功用變多，而且查詢的心情也不一樣了，為了自己真正想要做的事情去努力，跟為了應付大學考試所做的事情，兩者雖然很像，但是做起來的動力跟熱度完全不同。

我在這個階段，除了花很多時間去讀這三本書，也上網買了這三本教科書的教學光碟，雖然總共要價一萬台幣，但這可以讓我在讀書累了的時候，用電腦看這些DVD，不僅同時去理解飛行理論，也讓耳朵去熟悉飛行世界裡常出現的專有名詞。

飛行考照必備聖經

《Private pilot textbook》
《Instrument rating》
《Commercial pilot textbook》

有三本聖經，就有三本聖經考試版本，是各個階段的「飛行知識考題（Test preparation）」，每本大概有一千題的題目，我們會在每個章節讀完之後，去做這些題目，來確定自己真的了解其中的涵義，再做每個階段都會有的電腦筆試（要考過這個考試才可送考check ride 也就是證照檢定考）。

三本「口試要點（Oral guide）」是為了準備Check ride中的口試，所出版的書，基本上，熟讀三本聖經之後裡面的問題都可以迎刃而解，可是理解跟用嘴巴說出來是兩回事，用這三本書來準備口試，對於把這些理論說出口，有相當大的幫助。《Pilot's Handbook of Aeronautical Knowledge》這一本書把所有理論都講得很詳細，如果把所有書都看熟了，那這一本很適合拿來做更進一步的閱讀。

還有一本書並不是所有的人都會去買，可是真的很有用，書名叫做《Everything explained for professional pilot》，它涵蓋九成的飛行理論與知識，雖然並沒有寫得很深，但是它克服了我的最大弱點——讀了就忘；每個月拿起來翻一次，可以讓自己的飛行知識一直留在腦海裡。

另外還有機場航圖、各種圖表、POH（飛機操作手冊），一數下來就是十幾本，要成為一個飛行員，除了要有天賦、健康的身體、還有一個最重要的部分，就是讀書不會睡著！

▲走完這三張執照的過程，我使用到的所有書籍

PART I

PRIVATE PILOT

FAA Requirements to Obtain a Private Pilot Certificate

1.Be at least 17 years of age

2.Be able to read, write, and converse fluently in English

3.Obtain at least a third-class FAA medical certificate

4.Receive and log ground training from an authorized instructor or complete a home-study course

5.Pass a knowledge test with a score of 70% or better.

6.Accumulate appropriate flight experience

7.Receive a total of 40 hr. of flight instruction and solo flight time and demonstrate skill

8.Successfully complete a practical（flight） test given as a final exam by an FAA inspector or designated pilot examiner and conducted as specified in the FAA's Private Pilot Practical Test Standards

Private Pilot Privileges and Limitations

As a private pilot, you may not act as a pilot in command of an aircraft that is carrying passengers or property for compensation or hire, nor may you be paid to act as a pilot in command.

L1

人生的第一趟飛行

今天終於要開始我人生的第一趟飛行課程。

提早到學校跟Kaela碰面，在課程開始之前做好所有的準備工作，包含檢查要使用的飛機Cessna-152目前為止的飛行時數，確定飛機有經過定期的維修達到適航狀態，算一張載重平衡表（Weight and balance），這一張紙上面要填入我跟Kaela的體重以及加的油重，再加上攜帶配備的重量，經由對照飛機限制表檢測，確定落在安全的範圍內才能夠穩定飛行。

飛行前準備

今天我們要飛到機場西邊的練習區West practice area學習認地標。確認機場附近有沒有雲霧會妨礙今天的練習，確認飛機機況良好，是在可以起飛的狀態，繞著飛機三百六十度檢查，看有沒有受損、裂縫、漏油等情況，是我們每次起飛之前都必須做的事情。

聽完機場天氣之後，發動引擎，朝著跑道滑行，剛開始學習控制著飛機滑行在滑行道以及跑道的中心線上非常的困難，有別於車子透過方向盤來控制轉向，飛機在地面上的左右移動是藉由腳部的兩個踏板連動著鼻輪做控制，直到三、四堂課後，我才慢慢習慣腳部的這個動作。

緊接著準備我的第一次起飛！因為是第一次飛行，所以Kaela把手放在右座的控制桿上確保我不會起飛拉太大力尾巴撞地，那就真的會升天了。起飛之後到達巡航高度，Cessna這種小飛機不會像民航機一樣爬升到三萬英呎，而是在三千英呎就平飛。Kaela告訴我，雖然飛機裡面左右座位都有一個飛行方向桿，但是我們不會未經告知就碰對方正在操縱的桿子，很多人常常會有誤解飛機是兩個人在飛，事實上，**飛行中有兩個飛行員，一個是主控飛行，而另一個人主控檢查與通訊，確認在飛的那個人沒有做錯事情，並且給予輔助；當主控飛行的人要把控制權交給另一個人的時候，必須說「You have control」，另一個人回答「I have control」，才是標準的程序**。在飛行的歷史裡面，曾經出現過兩個飛行員都以為對方在主控飛行，變成兩個人都沒有在飛，導致因為職責不明確，產生空難的前例，這一套轉交工作權的程序看似簡單，但也是從慘痛的教訓之中衍生出來的。

平飛穩定操縱

第一趟飛行，我們著重在平飛的控制，要朝著同一個方位飛沒有那麼簡單，需要良好的手眼協調，因為我們第一張證照著重在目視飛行，所以對周邊景物的認識就很重要。

在West practice area有一棵很大的樹叫作Turning tree，我們會用它來練習三百六十度的轉彎；我們要認識幾條高速公路，因為要靠它們來練習左一百八十度、右一百八十度的轉彎練習，我們得熟悉附近各個地方的城鎮，在遠距離飛行的時候才不會迷失自己的方向。

對剛開始飛行的我來說，每一個爬升轉彎跟下降都是一個挑戰，必須先用眼睛確認我們要飛的航向，確認爬昇高度，再釐清我們目前的爬升率，這些資訊每零點五秒就要更新確認一次，眼睛看到了飛機出現了變化，大腦要在零點五秒之內讓手與腳做出反應，要如何微調才可以達到我的需求，很講究手腳協調。

雖然民航機有Yaw damper，機尾上方的垂直舵是電腦在控制，但是小飛機沒這個高級，每一個轉彎都要手腳並用，才可以做出協調的轉彎

（coordinate turn），這是水平分力跟離心力的協調，兩者要相等才是一個好的轉彎，如果做不到就會像賽車甩尾的那種感覺，身體好像要飛出去了，那轉彎我們要用幾度角轉彎？每一個細節由飛行員來做判斷，這也是飛行好玩的地方。這所有的一切習慣之後，都會成為肌肉記憶，資訊通過眼睛會直接傳達到肌肉，不用通過大腦，直接反應出來。

第一趟飛行真的很緊張也很興奮，可是一上天空之後就沒那個空閒，要處理的事情真的太多太多，太多的資訊以很快的速度一直往大腦襲來，根本沒時間思考多餘的事情，只在下飛機之後進行最後一課——付錢，到櫃檯一看，今天的課程一個半小時收費一萬塊台幣，才回到現實，好貴！

▲常常被使用在初階訓練的小飛機Cessna-152

▲Cessna 152 內部照片

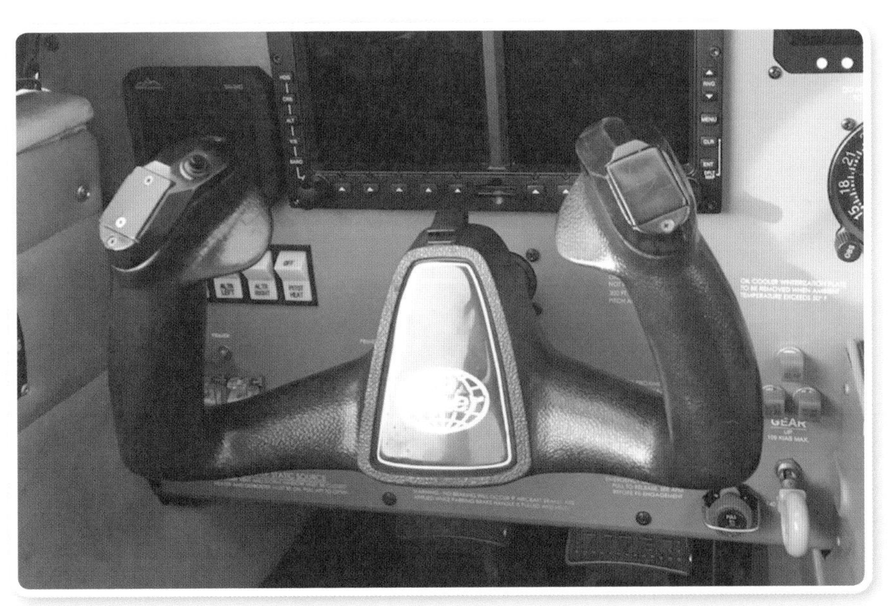

▲Yoke：像開車一樣有一個方面盤，除了左右以外，往外面推是推機頭下降，往自己的方向拉則是抬機頭爬升

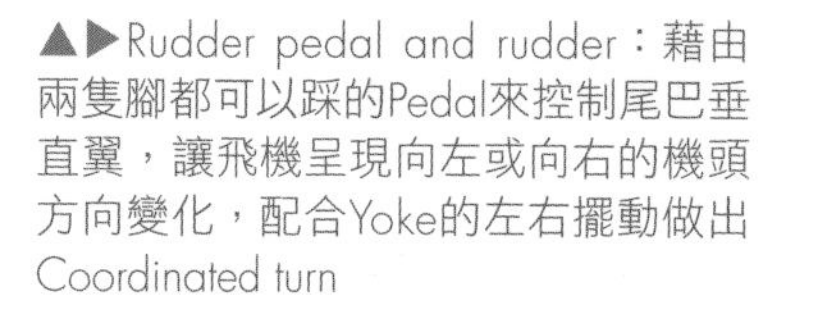

▲▶Rudder pedal and rudder：藉由兩隻腳都可以踩的Pedal來控制尾巴垂直翼，讓飛機呈現向左或向右的機頭方向變化，配合Yoke的左右擺動做出Coordinated turn

◀Power lever：黑色的把手控制引擎室進油量，直接引響我們能產生多少的推力，引擎室的運作順序是Intake, Compress, Power, Exhaust

Condition lever：紅色的把手控制油氣混合比，藉由調節混合比來配合隨高度減少的空氣分子濃度，引擎才可以正常運轉

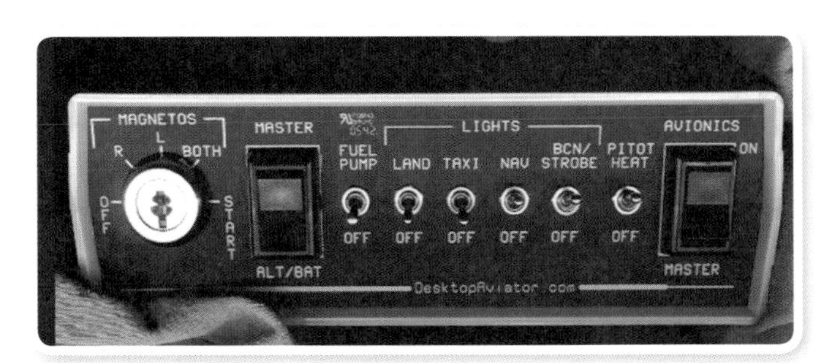

▲Switches：按鈕控制飛機的電力系統，包含燈光、總開關、通訊設備等

▲Transceiver：上面的無線電Transceiver能夠調到各個頻率波道，跟機場以及區域管制人員或其他飛機的人進行對話

Transponder：將這四碼數字與飛機資訊發射至管制人員的雷達螢幕以顯示我們所在的位置與高度，現在隨著科技的發達，還會把資訊傳送到附近的飛機裡，讓各個飛行員能夠掌握其他飛機的相對位置，大大提升了安全性，也讓空中相撞的可能性降低很多

▲Flaps：調節兩側機翼後緣的Flaps（襟翼）角度，來提升或減少飛機的升阻比例。在落地的時候可以在低速度時產生更大的升力

▲Circuit Breaker：電力斷路器，當電力超載會自動跳開，讓對應的機器失效以避免損壞或走火

L2

低速飛行練習

在West practice area， 我的第一個飛行動作課程（Maneuver），叫做**低速飛行（Slow Flight），技巧主要的意義是學習在低速當中維持飛機的平飛穩定操縱**；它是一個很實用的動作，當我們降低速度卻要保持高度的話，就要把攻角加大（Angle of attack），也就是拉起機頭讓飛機呈現相對高的角度，產生更多的升力，這個動作也就是在練習速度跟仰角（Pitch）的交換，讓飛機飛接近失速的速度。

在做這個動作的時候，需要手感以及快速的儀器掃描，所以算是對飛行技巧加強的一個訓練，另一方面，也是對進場落地的一種熟悉感練習，不管是小飛機或者是民航機，在瞄準跑道落地之前要減速，為了讓飛機可以慢慢地落在跑道上，必須放外型，也就是Flaps，它是位於翅膀後端的副翼，可以往後伸展，讓飛機的失速速度下降，也就是在升力不變的情況下保持更低的速度，落地之前，常常聽到窗戶外傳來轟轟轟的聲音，除了放輪子就是在放副翼；在航行的途中，因為想要飛得越快越好，所以它除了起降都是收起來的。

減少飛機死角

在做Slow flight的過程，我們同時也要練習去注意附近的飛機，**飛行員會在轉彎之前先以十五度角一個單位掃描要去的方向，喊出「Clear left or clear right」**，這一方面是養成一個良好的習慣，永遠先Check再做出動作，如果對向有飛機往自己飛來的話，我們就會轉向自己的右方來避開對方，避免轉

向同一個方向發生空中相撞（Air collision），想想看，如果大家都不管附近有沒有人直接轉彎會有多可怕！

雖然飛行員總是要求自己看清楚飛機的四周，但是因為飛機一定有死角，就飛機的設計來講，上方跟下方就是很大的死角，所以大家在做飛行技巧之前會讓飛機飛斜著做檢查，而飛機又有分所謂的高翼（High wing）跟低翼（Low wing），這種設計讓飛機的翅膀位在飛機座艙的上方或是下方，不管是哪邊，都會擋住我們那個方向的視線。

在我們的飛行學校，之前也有過高翼飛機爬升，低翼飛機同時下降，剛好相撞的事故發生，雖然飛機上的飛行員最後沒事，卻因為這件意外，讓FAA持續的觀察機上優秀教官，造成他好幾年都沒有辦法報考其他的航空公司。

空中交通管控員

最安全的方法就是依靠空域管制員所給的資訊來做判斷，飛行員在做目視飛行的時候，會跟管制要求Flight following，這是個很大的保險，管制員可以透過一個雷達，來確認我們的位置，更先進的飛機上會配備一個訊號機，將我們的空速以及高度傳達到他們的雷達上，讓他們掌握各架飛機的資訊，再透過與飛行員的廣播對話，告知附近哪裡有飛機要飛行員小心飛行。

在美國之前有一件很有名的空難，一架小飛機因為迷航，不小心飛進高等級繁忙機場的空域，因為飛得過低，又沒有配備訊號機，在管制員雷達螢幕上，沒有顯示很清楚的位置資訊，這時候不巧有一架民航客機，正在準備做落地，飛機上的機師們，過分相信管制員會做好空中隔離，沒有放太多注意力在這架小飛機上，小飛機從民航機的下方死角爬升，最後兩架飛機相撞，空難發生。

在幾十年前，這些設備沒有這麼發達，空中的飛機也沒有這麼多，大家都可以飛自己想要飛的路線，也發生了好幾起空中相撞的事件，如果路上沒有車也沒有紅綠燈，相信大家也不會去考慮到如何避免撞到別人；現在天空越來越繁忙，為了避免高空相撞，飛機上送出來的訊號會到達附近的飛機，像是飛行電腦在做溝通的感覺。除了在機上雷達可以看到對方資訊位置，當進入可能相撞路線的時候，螢幕上更會顯示指令要求飛行員緊急爬升或是緊急下降，才得以避開對方。

許多的發明都是因應需求才產生，飛行業也不例外，但是在沒有這麼多昂貴高級設備的Cessna 152裡面，我們還是乖乖的Clear left and clear right！

L3

失速與飛機五邊繞場

第三堂課，我們除了起飛、爬升、平飛、轉彎、下降、落地等的基本動作之外，也開始學習針對一些不正常的基本情況做出處置：Power-off stall, Power-on stall（失速），基本上這兩種失速的情況，都是在飛機爬升角度過大的情況發生。

我們在公用頻道跟大家廣播我們現在在West practice area的位置與高度，開始要做這些動作，在做的同時，我們會模擬接近地面的哪個飛行階段，譬如Power-off stall就是模擬在落地之前，把油門收掉，帶很大攻角的機頭，在Power-on stall的階段，就是在起飛的過程中，離地時帶太多的機頭導致失速。

這些事情在現實生活中很有可能發生，所以我們會很小心跟認真的練習，步驟是收乾油門保持平飛，讓速度持續下降，接近失速速度，再緩慢的帶起機頭，失速警示音開始響起，這時候保持攻角，等飛機沒辦法繼續使用速度能量來保持高度的時候，飛機開始晃動，就是進入失速的狀態；回復的程序是推機頭下降，使用全推力加速，讓因為失速而混亂的空氣分子重新順著翅膀流動。

之後的一個科目我覺得非常好玩，叫做「零動力滑翔（Power off gliding）」，模擬在高空引擎失效，立刻使用POH（pilot operating handbook，一本每種飛機都會有的書，講解飛機的性能跟速度限制還有構造）所提供的資訊，來判斷我們可以在空中滑翔多少距離，飛機就算全部的引擎失效，也可以滑翔飛行相當遠的距離，以波音777為例，垂直一公里的高度可以滑翔十五公里遠，普通的巡航高度來說，可以滑翔一百五到一百八十公里，相當於台北開車到台中的距離。左寫右算確定好速度跟距離之後，對照附近機場距離，如果無法抵達，要立刻在附近找一片平地做迫降，需要考量風向與地障；對一些靠近大城市學飛的飛行員來說，要找到一片平地是非常困難的，所以高速公路甚至湖面，都是選擇的一部分。

會不會因為放外型所增加的阻力影響到落地距離的選擇，開始盤旋下降，對附近的飛機做出廣播，再聯絡該區域的管制員，請求搜救人員快速趕到迫降地點。因為是模擬，我們不能夠真的飛到地面上，而且由於飛行高度很低，學校常常會收到附近居民的投訴，說螺旋槳聲音很吵，看來並不是每個人都欣賞這種美妙的聲音，有些教官心臟比較大顆，會降到非常低的高度，如果沒有處理好，可能會從模擬變成真正的迫降。

慢慢開始學會了飛行，要加強對飛機的了解，首先進去飛機，當然要對儀表的位置有相當的認識，我們會買一張飛機內裝的海報，一個一個把飛機儀器跟按鈕位置給背起來，畢竟，你不知道它在哪裡，只會操作有什麼用？

接著使用一張飛機檢查表（check list）來確認在地面上、滑行、起飛準備要做什麼；爬升、下降、降落、也都有自己的檢查表，一項一項來做。順帶一提，現在航空業使用的是另一種方法叫做Flow，照著一個流程，可能是一個圓或是一條線來記憶直接處理，才對照Check list來看有沒有遺漏。

保持穩定的姿態與航向

接著就是起飛的練習，在跑道上有一條中心線，要由腳踩Rudder連動鼻輪，以及垂直尾翼來控制方向，讓自己保持在中心線上，起飛之後直到看不見跑道，都要繼續保持，有時候側風很強，會讓飛機容易偏離跑道，那是很危險的事情，因為在低高度時旁邊可能會有樹或是高大的建築物，沒保持好

撞上去可不得了。

之後就是爬升，通常會朝著自己的目標方向，尋找一朵雲，朝著那片雲直直飛確定飛機是在正確的航向上。接著就是在練記憶力，像開車一樣，飛行員要認附近的地形，哪裡有很明顯的房子，或是一棵很大很特別的樹，湖泊之類的。在白天我們都是靠著地形的認知來讓自己不迷路，這些東西都可以在Google大神的衛星地圖裡面先做練習，把圖抓出來每天一直看，那也是訓練的一環。

在剛開始，這些基本又基本的技巧，都是為了讓我們能夠在Traffic pattern裡面保持穩定的姿態跟航向，而失速的練習則是能夠如果不幸在起飛降落或轉彎的過程中失速，還有能力可以救回自己。所謂的**Traffic pattern**，就是起飛降落的不斷練習。

起飛之後有五個環節，**Up wind**：機場跑道使用通常都是選擇迎風面做起降，一方面是提高飛機的性能，也可以減少飛機煞停的距離，而到四百英呎之後可以左轉或右轉針對機場設計不一定進入我們的**Cross wind**。**Down wind**：這個環節很重要，尾風風速的不同會影響到所需要花費的時間，一方面觀察跑道與飛機的相對位置，一方面把該要做的降落準備給做好，譬如放Flaps以及Landing gear，做完**Check list**之後準備轉**Base**，找一個角度切入**Final**跑道的延伸線下降到落地！就是一個完整的Traffic pattern。

在每一堂課的尾聲要飛回學校的時候，會搭配兩個Traffic pattern做練習，可以說每一堂課的練習，都是為了應用在Traffic pattern裡面，全部都準備好，才可以迎接第一個魔王——Solo！

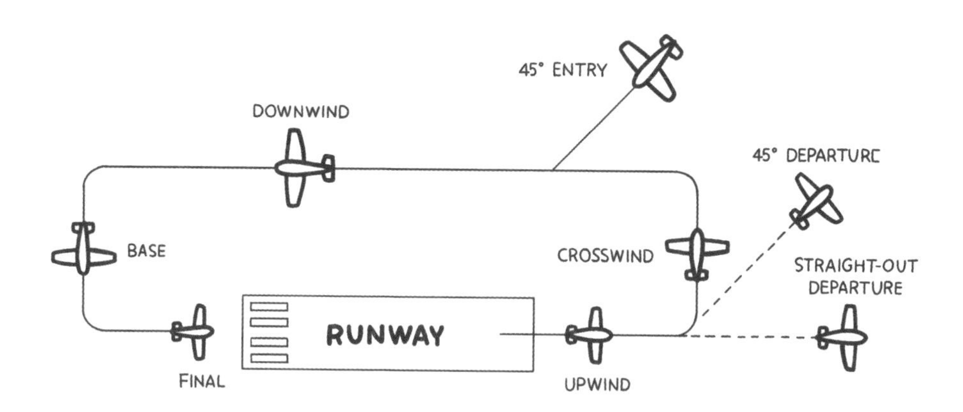

▲Traffic pattern：五邊繞場

小飛機的操作技巧

慢慢知道開飛機是怎麼一回事，我們開始練一些技巧，來熟練對飛機的操作，同時也藉由這些來確定我們能夠讓飛機做出想要呈現的姿態跟動作。所謂的Positive control，也是個人用飛行執照考試的要求項目，能夠做得出這些動作，才代表能夠安全的操縱一台飛機。

1.Rectangular course：飛出一個四方形

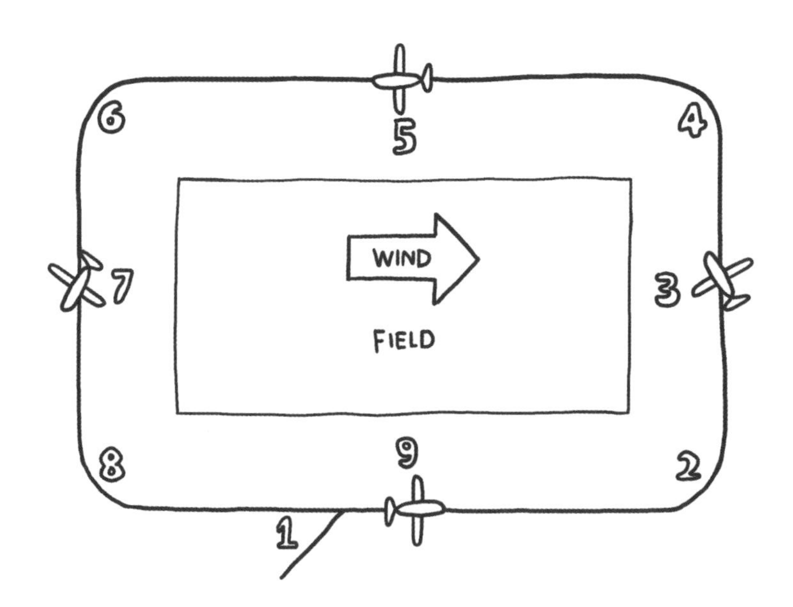

2.Turn around a point：繞著Turning tree轉圈圈

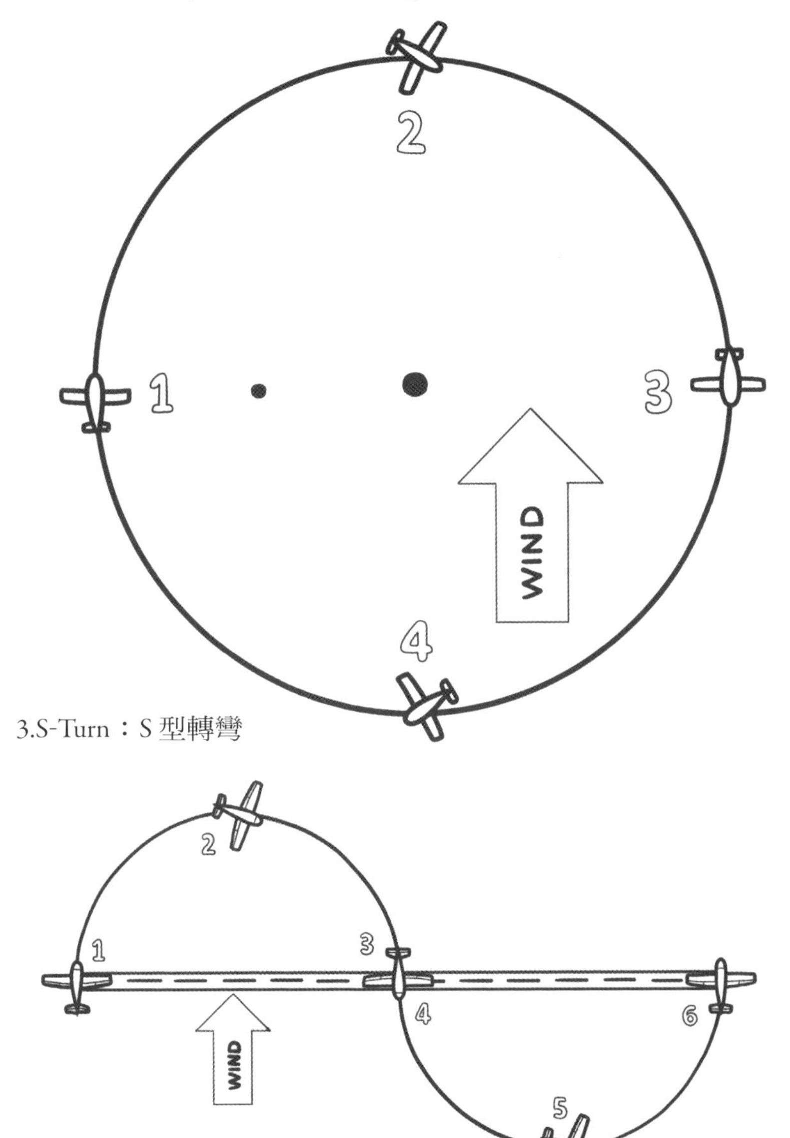

3.S-Turn：S 型轉彎

這些要在空中做出形狀的動作，老實講都很簡單，對我來說，只是一個形狀，只是我有時候會把四方形飛成一個圓形，或是在轉圈圈的過程中離turning tree越來越遠，有一次索性從樹上直接比直飛過去了。這些動作除了對空間的認識要有Sense，知道自己現在在空中的哪裡，邊考慮側風修正邊想什麼時候要開始轉，那轉的量又要多少，有點像是停車的時候倒車入庫，眼睛一瞄就知道自己是不是歪了，在哪裡要開始打方向盤；除此之外，還要藉由儀表或是外面的風景來確認自己高度有沒有變、速度有沒有控制好，是練習一心多用的好技巧。

考試時都會出現這些東西，一回生二回熟，做個幾次就不會有什麼問題，回到機場的時候，順便練習Go around（重飛），在落地之前發現自己速度太快、太高、太低，甚至有人忽然跑進跑道裡，我們都要進行重飛，拉高機頭，全馬力爬升，放棄這個落地，重新執行一個Traffic pattern進行落地。在民航業偶爾會出現重飛，與其很勉強地讓飛機落在跑道上，還不如重飛，做一個繞場，準備好之後再安全地落下去，降低每一個落地的風險。

系統失常模擬

接下來的幾堂課，隨著對飛機的操練越來越熟，我們開始做機上設備壞掉處置方式的課程，飛機什麼東西又連帶著什麼東西壞掉，會一直陪伴著飛行員，有時候比女朋友還要親密。

在課程訓練中當中，要一直去思考飛機什麼東西會壞掉，就像是去想女朋友的地雷在哪裡，做哪些事情她會生氣，雖然你已經很小心的在處理這段關係了，但是女朋友總是會在意想不到的地方理智斷線，這時候補救措施就很重要了！跟女朋友不一樣的是，飛機沒那麼好騙，我們要不斷思考東西壞掉會帶來的影響，練習處置方式。

最常出現的系統失常模擬，就是通訊系統，教官在飛行的過程中忽然告訴說，現在你的對講機聽不到任何聲音，請問你要怎麼做？針對這個問題，每個人處置的方式都不太一樣，但是不外乎是檢查耳機有沒有插好、電池有沒有電、是不是調錯通訊頻道，然後確定一切的方法都試過了無效，調Transponder code 7600，讓管制員的螢幕上看到通訊失常訊號，飛到機場上空盤旋，等待塔台人員以燈槍通知跑道安全之後才可以落地，這個處置非常專業、標準，可是現在這個時代，很多人都沒有發現手機在低空是可以收得到的訊號的，雖然我並沒有真正發生過通訊失常，但是我總是認為自己可以傳訊息告訴我朋友，告訴他我通訊失常，幫我打給塔台，順便再幫我買片pizza等我回去。

£5

非管制機場

在很多國家包含美國跟台灣不太一樣，到處都有許多的小機場，分別為管制機場以及非管制機場，管制機場裡面有塔台以及相關人員進行流量管制，在這些機場之中也因為飛機流量的多寡順序分別為等級BCDEG，不同的等級有不同的要求限制，包含沒有任何執照的我們（Student pilot）不可以降落，在多近距離以內必須要做無線電通訊（Radio communication）等等，來確保航空公司的飛機安全及空域效率可以受到保障。

我們的機場Hillsboro airport離高等級機場Portland international airport非常近，曾經有學生在空中迷航，飛一飛搞不太清楚自己在哪裡，誤闖波特蘭機場的空域，導致民航機因為安全隔離不夠，沒辦法落地，必須執行Go around重飛，大型客機一次的重飛多燒的油可能就導致幾十萬的損失，當這種事情發生的時候，我的這位同學要負多大的責任，當這個紀錄留在我同學的身上，對他的飛行生涯會造成多大的影響可想而知。除了這些，還有私人擁有的機場、軍用機場、水上機場等等，飛在天空隨眼望去可以說是到處都是！

今天我們要飛去的是離學校很近的非管制機場，確保自己在飛出去之後本場天氣變差，還有別的地方可以去。在台灣大部分的機場都有管制員，告訴你現在可不可以落地、可不可以起飛，基本上在機場範圍內滑行、起飛、降落都需要有管制員的許可，一方面是讓機場的交通流量更順暢，一方面也是安全的很大保障。

小心三寶飛行員

這個非管制機場叫做MMV——McMinnville Municipal Airport，是一個流量不高的機場，裡面有一個飛行學校，還有一些飛行相關用品的販賣店。這些非管制機場好玩的地方在於，要自己在機場頻道廣播位置跟訴求，跟其他也在這個機場活動的飛機做溝通，告訴大家自己要幹嘛，畢竟如果什麼話都不講，大家自己做自己的事情非常的危險，而這些機場也有一套必須遵守的規定，譬如得先以比Traffic pattern 高的高度，環繞機場一圈，看看機場風向，再以四十五度角的方式下降加入Traffic pattern。

每次我們要去這些機場的時候，都會非常小心，雖然是在空中，可是跟在地面一樣還是有三寶——三寶飛行員，這些人不管大家在幹嘛，自己做自己的事情。

剛開始飛的時候，眼睛還不習慣在空中搜尋別的飛機，眼看就快要落地了，前方卻出現一架飛機朝我們筆直飛來，這情況非同小可，如果我們兩架都落地了，就只有在跑道相撞，如果我們兩架都進行重飛，那在重飛的過程中對撞的可能性也非常高；當我們還在思考該怎麼辦的瞬間，對方先進行了重飛，我們也就安全的落下去了，下去之後，發現這位三寶根本就沒有廣播自己要做的事情，因為今天機場沒有什麼風，所以跑道兩頭都是可以進行落地的，可是他不僅沒有做廣播，也沒有在聽，只是把機場當自己家一樣，亂飛一通，這種事情常常在美國的飛行學校見到，把眼睛放銳利一點，遵守空中該有的法規，是我們唯一可以做的事情。

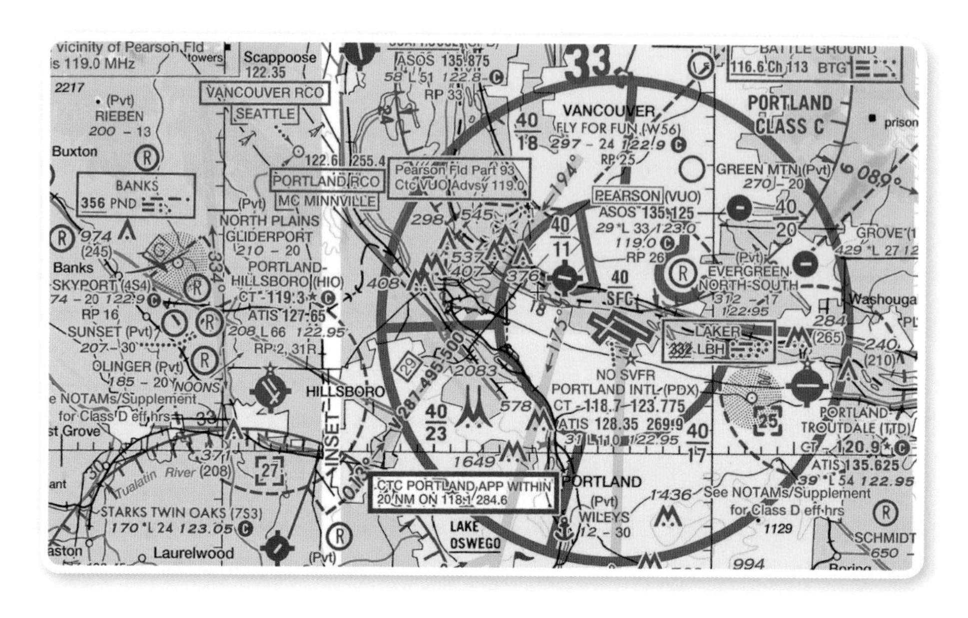

▲Sectional Chart：
1.以波特蘭機場為中心的紫色圈圈為Class C airspace
2.左側藍色虛線小圈圈以HIO 為中心的是 Class D airspace，以等級為區別紫色的圓圈管制範圍比較廣，藍色虛線範圍就比較小，機場為藍色是管制機場，紫色則是非管制機場

L6

首放單飛

開始學飛之後大家都會有一個共識，我們必須要在三十小時以內放單飛，不然航空公司就不會想要錄取你。

「單飛」指的是旁邊沒有坐人，一個人在駕駛艙裡進行操作。第一次的單飛課程要求是做五邊繞場——Traffic pattern，三個起飛、三個降落，看似簡單，但是一想到我要一個人去飛這台飛機就覺得非常遙遠，不知道這個時數限制到底是誰先開始講的，它帶給我一開始學飛很大的壓力，最好是練習二十幾個小時就可以自己飛！

心裡充滿各種不悅，但是還是乖乖的努力去達成，畢竟一個人如果飛了一百多個小時還沒辦法自己飛真的好像不太適合這個行業，但是三十個小時又實在太少，一堂課將近兩個小時，代表從零開始只有十五堂課，而且有時候天氣不好不能飛，課跟課之間一不小心就相隔一個禮拜，這樣每次飛都像一個新的開始，每堂課都跟初戀一樣刻苦銘心又緊張。

重要的飛行冥想練習

這種事情對學飛的我們來說不斷的重複，十堂課以內要做什麼，二十堂課以內要完成什麼……，雖然每次我都覺得很難、不可能達成，但是人的潛能真的無限大，快到考試的時候就會通過標準順利過關。當然其中也有很多天分很好的同學，十三個小時、甚至八個小時內就放第一次單飛，就像是學生時代要大考的時候，每次第一名都在打電動看漫畫，看到這種人真的只有羨慕，看看自己，還是乖乖去坐在飛機裡冥想練習Chair fly吧！

說到Chair fly，是我們在訓練階段每天都要做的事情，一個人爬進飛機裡演戲，在白天到沒有人用的飛機裡面，假裝自己從地面準備一路到起飛、爬升、平飛，做完所有的Check list，然後下降到落地，把飛機滑到滑行道停機坪，把一個半小時的飛行時間，濃縮到十分鐘，一個口令一個動作的練習標準程序，讓自己跟飛機越來越熟，直到每架飛機有人要用之前，盡可能地能練習幾次就多練幾次。

到了晚上，回到房間擺好椅子，坐在飛機海報前面，做一樣的事情，花大量的時間在地面上練習，就不會在上天空之後手足無措。

好不容易一路掙扎到第二十五個小時飛時之後，教官終於放出許可讓我去考試，挑戰放單飛。

驚險的第一次飛行考試

人生中第一次的飛行考試，跟一名學校的FAA認可考官，也是我未來的人生恩師SK做好地面的口試之後走上飛機，考試內容包含起飛到練習區域，做目前為止練過的Maneuvers，然後回來做三個Touch and go，這些項目都在之前的課程裡一練再練，但是這麼菜，沒有人會覺得自己很熟練，真的很緊張，深怕腦袋打鐵忘記其中一個步驟。

考完這個階段考試之後，就是第一次的單飛了。我人生中第一次單獨開飛機，抱著緊張又興奮的情緒做好準備，檢查再檢查，已經做過數都數不清的冥想練習了，剩下的只能交給命運去安排。

走上飛機、滑行到跑道、請求許可、接著起飛，在請求許可的時候，我們第一次單飛都會告訴塔台這次是「First solo」，他們會能體諒我們滿身菜味，以比較慢且清晰的方式下達指令，我卻緊張到連「First solo」都忘記講，剛好塔台裡的老美口語不清楚，只聽到「Clear for take off cessna5199K , after take off make XXXX traffic」，起飛之後左轉還右轉我沒有聽清楚，這很嚴重啊，開飛機不可以馬虎，萬一他說右轉可是我左轉，那很有可能會撞到在左邊的飛機，所以我跟他確認了一次，他老哥還是不好好講，「Rigft Lefgt turn…」根本聽不清楚啊，我只好在跑道上跟他再確認第三次！

「confirm again right turn？」

「LEiGfT turn.」

「Roger Cessna 5199K right turn.」

之後他也沒有糾正我，就這樣，我起飛繞了三個Traffic pattern做了三個起降。這樣打出來短短一行字，包含了好幾個月的努力學習汗水與淚水，順利地活著回到學校，下了飛機，那種成就感是不可言喻的，我深深感覺到坐在飛機裡，旁邊沒有教官囉哩囉唆、吵來吵去有多爽！

Kaela之後告訴我，其實那時候管制員是叫我做「Left turn」，可能是因為剛好那邊沒別的飛機，所以就不再更正我了，但是如果剛好有別的飛機在機場範圍裡面飛卻沒有注意到，我可能會直接撞上去。

只是一個簡單的單字，一個錯聽，都可能造成悲劇，而飛機裡面不會永遠有人可以幫助你，告訴你哪裡做錯了！想要成為一名專業飛行員，就是要避免這種事情發生，雖然日後可能還是會發生其他的錯誤。在了解事情的嚴重性之後，我願意在跑道上確認五十次不起飛，而不願意再去冒一個不確定的風險。

終於打敗了第一個小魔王！在美國有一種傳統，大家會在放第一次單飛學生的T-shirt上簽名，再脫下來剪成一片一片的帶回家，雖然不知道為何要這樣做，但是我想這件破掉的T-shirt應該就像這次飛行一樣，非常的寶貴難忘。

£7

恨死人的整人箱——飛行模擬機

到了這個學習階段，差不多該介紹我們的飛行員好朋友——模擬機（Flight simulator），也就是所謂的「整人箱」。

在Part 141 的個人飛行員執照階段裡面，規定要飛三個小時的低階模擬機，一個小時收費一百一十美金，跟Cessna152一小時的費用一模一樣，讓人不禁懷疑，這台電動的電費是有這麼貴嗎？再者那種低階模擬機飛起來感覺非常不真實，雖然模擬機也有設計成會隨著飛機動作擺動，模擬飛機姿態的功能，但是在跟真飛機的控制感覺上有很大的差異，三小時要價一萬台幣讓我花得有點悶，搞不懂這跟在家裡面飛微軟出的飛行模擬軟體有什麼不同。

今天Kaela光是學習怎麼操作模擬機就花了大概一個小時，也算在今天的學費裡，扎扎實實成了冤大頭。話雖如此，模擬機在日後的儀表操作上確實派上了很大的用場。

腦袋飛在飛機前面

第一張執照要對飛機培養出操作的手感，了解如何開一台飛機，雖然不用很精準，但是要讓飛機做出駕駛員想要它做的事；在第二張儀表板執照訓練中，飛行員在做一件事情的同時，要想到後面要做的十件事情，這就是「腦袋飛到飛機前面」的意思。而可以按暫停的模擬機就幫助很大，當我們希望練習特定的飛行動作或者是引擎失效等緊急情況，模擬機也非常方便，在現在的航空業當中，大部分的訓練課程都是用高階模擬機來做訓練，這種高階模擬機，有時候跟一台飛機的售價一樣，動輒七、八億台幣，如果公司裡面沒有該機型的模擬機，就會被外派到國外，跟別的公司租借，上完一整套訓練課程才回來。

近年出現了一種新型態的飛行員叫做MPL-Multi Crew Pilot，有別於我們都是以飛完兩百五十或是三百小時的CPL身分回到台灣，他們是進公司之後，由公司送出去培訓飛八十個小時左右的兩人用小飛機，再回台灣在公司裡面，用高階模擬機進行其餘的飛行訓練。

這種訓練方式可以無視很多小飛機不能起飛的天氣，排除飛機故障或是不足的情況，節省很多時間以及金錢成本，算是未來的一種趨勢。可是對於我們兩百五十個小時的CPL來說，做大型客機的訓練都已經很吃力了，比較起只有八十個小時真飛機經驗的他們，飛行時的手感，或是很多對飛機的Sense來說，一定更是困難。常常聽到線上教官對這種訓練方式感到訝異，可是我相信各公司嚴格的訓練方式一定不會讓飛行安全有任何妥協。

▲▶Redbird flight simulator

L8

短跑道與軟跑道操作

回過頭來，我已經是一名可以自己起飛降落的飛行員，在一些突發狀況的處理上也有個底。今天教官要教我如何在短跑道與軟跑道上作起降。

「軟跑道」指的是有積雪或是由土壤、草地建造成的跑道，而不是平常使用的標準混凝土跑道。**在軟跑道上的起降要避免在地上施力太多，也不可以在跑道上作全停**，不然飛機可能會跟跑進爛泥巴的車子一樣，輪胎一直空轉沒辦法前進。

正常來說，在飛機起飛過程中，我們會要在地面上使用全推力加速，速度上升直到飛機機翼上下壓力差足夠，才能安全起飛，那在短或是軟跑道上，這個加速的過程就是一個挑戰，沒有足夠的跑道，沒有扎實的地面，我們都沒有辦法順利加速，今天的練習著重在這種困難的克服。

克服不同跑道的挑戰

在軟跑道的練習中，基本的技巧就是在起飛的時候先帶一點機頭，將方向桿往後拉到底，隨著速度慢慢上來，稍微放掉一點機頭，這樣子能讓飛機在還沒抵達正常起飛速度之前就先離地，三個輪子都離開地面，然後在離地面很近的高度推頭做平飛，讓飛機停留在地面效應之中，也就是阻力較低的時候加速，等到達正常起飛速度再爬升；落地的時候道理也是一樣，由後方兩個輪子落地，保持鼻輪騰空，維持一點動力，讓飛機直接滑行離開跑道，這個科目需要對飛機做出細微精準的控制，也要很清楚現在飛機跟跑道的相對位置，一不小心落得太大力就會讓輪子卡在跑道上。

雖然這是其中一個必修科目，但是除了做農藥噴灑，以及一些擁有自己小飛機跟大片草原的人以外，不太會真正使用到，也因此讓很多飛行教官對此不是很熟悉。

我記得當時Kaela叫我在起飛的時候，飛行操縱桿拉到底都不要鬆掉，直接讓飛機早點離地，我們起飛的時候隱隱約約地聽到「嘎」一聲，對於這個異樣聲響完全沒有概念的我還飛得很開心，升空之後，Kaela一想不對，正常起飛是不會聽到這種聲音的，有很大的可能是機尾擦到地面了，這樣會傷到飛機的結構，也就是所謂的「Tail Skid」，所以我們當機立斷立刻返航，讓機場的維修人員幫飛機做結構檢查，雖然事後檢查沒事，只有機尾擋片稍微擦到一點，但是經過這個教訓，我們以後做這個科目的時候都會格外小心。

所謂的「Tail skid」是機尾擦到地板，另外還有一個更嚴重的情況，叫「Tail Strike」，會在落地機頭帶太多的情況之中看到，機尾直接撞到地面，這個有更大的可能性讓機尾受傷嚴重影響到飛機結構；在民航機的機尾上會有一個擋塊安插在機尾下方，一方面是讓我們做Tail Strike的辨識，一方面是保護好飛機的尾巴。

控制落地能量

另外一個課程是短跑道的起降，也是一個會讓學生一卡好幾堂課，花好多錢的項目，這堂課要求更精確的飛機操作，在起飛的時候比較簡單，踩住煞車、把油門推到底讓飛機引擎轉速上升，再放掉煞車加速，飛機在比平常短的距離內就可以達到起飛速度而起飛，困難的地方是在落地的時候，因為跑道很短，我們要精確地落在跑道頭，不能讓飛機在地面效應之中平飄太久（flare）。

練習的時候，教官會問我們要落在跑道的哪個點，我們選好之後如果落地地點（Touch down point）偏離了選好的點，就是不及格。一開始對我們來說，能安全落下去就好，跑道很長，所以多飄一下也無所謂，導致這個科目常常要一練再練，燃燒很多美金；熟了之後才發現，原來落地與能量的控制大大相關，這跟落地前所保持的速度有很大的關係，如果速度太快，能量太大，飛機就會有多飄幾秒的傾向，在落地的時候，看準要落的地方，降低高度，保持好速度，到達平飛得點，看準與跑道的高度相距，把油門一把收掉，帶一點點機頭，讓輪子一屁股坐下去，趕緊踩煞車，就是這個科目的重點！

L9

導航練習與不正常姿態回復

在地面課程學了導航儀器相關知識之後，在飛機運用又是另一回事，就算你再怎麼了解投一顆三分球，投不投得進又是另一回事，這就是我學飛行之後得到的心得。

VOR（Very high frequency omnidirectional range）在飛行中，是一個很好用的導航道具，在世界飛機可以到的地方，每個不遠處大概幾十到一百海哩內，都可以看到VOR地面站台的蹤影，這些VOR站台有自己的頻率播道，並且以三百六十度發射出訊號來，飛機裡面會有一個接受頻率的裝置，並且有一個儀表顯示接受到的是哪一個角度的訊號，以及距離有多遠，來達到導航的效果；簡單來說，這個儀表就是一個羅盤搭配一根針，藉由這根針的左右移動來辨別我們與站台的相對位置，如果要飛到站台的南方，我們就會調到180度的Course，然後飛過去，讓針移動到中間之後就代表我們現在就在其站台180 度上面，知道我們與訊號發射台的相對方位之後，又要藉由認地標，或是交叉確認與別的發射台的相對位置。

在一陣頻率播道的轉換以及同時間飛行的控制中，我發現兩隻手根本不夠用，旁邊還多一個碎念教官，不要說確認位置，連自己身在飛機裡這件事都快忘記了，幸好在PPL的階段不用在這個方面著墨太多，要到下一個IFR的階段，才會有更多的運用。

在導航這方面，邏輯與空間認識對一個飛行員來說相當重要，它掌握了飛行的安全，常常發現很多人在開車的時候，沒辦法清楚知道自己與其他車輛的相對距離有多遠，這個轉彎會不會碰到後方車輛，這也許是一個可以認識自己適不適合當一名飛行員的指標。

▲VOR 儀表：藉由指針的資訊來確認自己與信號發射站台的相對位置

飛行姿態的瞬間反應

今天的最後一個課程相當好玩，叫做「**Unusual attitude or Upset Recovery」，這是一種對飛行姿態的瞬間認識，讓手腳直接做出反應動作的訓練**。教官叫我把眼睛閉起來，飛機飛到一個奇怪的姿態才讓我眼睛張開，你必須瞬間了解目前飛機是什麼姿態，仰角極高或極低，速度非常的慢即將失速或是快要超過最大速限，又或者處於一個旋轉中的姿態，必須立刻將飛機做最即時的處理，擺正、收推油門、保持平飛，讓速度穩定下來，然後做出微調。

這是一個很重要的課程，因為現實飛行世界中，飛機自動駕駛是有可能在你不注意的時候出錯，飛到很奇怪的姿態，這個時候如果你沒有立刻做出處置，讓情況更加惡化，那飛機可能會失速、急速下降或是造成機體損傷，更不用說，如果大腦一時間反應不過來，做出了相反的處置，那無疑更會導致一件災難。

L10

夜航

平常在做的落地的型態叫做全停（Full stop），是指飛機落地之後駛出跑道把它全停下來；還有另外一個型態的落地叫做**觸地起飛（Touch and go），這種落地是等到輪子觸地之後再使用全推力加速直到起飛速度，把機頭拉起來起飛，節省飛機煞停的時間，用意在於不停斷的練習起飛與降落程序。**

起飛至降落一回大概六分鐘到十分鐘，只要是飛行學校或是無人管制機場，飛機數量比較不多的地方，都會看到很多學生在做Touch and go的練習，一個小時可以做六到十回，我的最高紀錄是一天五十回沒有休息，做完之後全身癱軟無力，一看到跑道就想吐。

今天是我第一趟的夜航，也就是夜間飛行，第一次從晚上出發到一個非管制機場做Touch and go，這是一個很刺激的體驗，雖然飛行的模式跟平常差不多，可是帶來的感受跟以往卻完全不一樣。我帶著期待又緊張的情緒走進飛機，飛上天空，我感覺到旁邊的Kaela好像比起我來更緊張，要帶一個學生飛行員飛上天空，就像帶一顆不定時炸彈，不知道什麼時候會做出什麼蠢事來殺死我們兩個，更何況是在伸手不見五指的夜晚。值得慶幸的是，我很聰明的讓她做大部分的事情，我只負責看外面景色，凡事都有第一次，何必這麼高標準來折磨我們兩個呢。

進入童話般夜世界

起飛之後左看看右看看，原本自己很熟悉的湖、Turning tree 都不見蹤影，彷彿飛進了一個不一樣的世界，原來燈火通明的城鎮從上往下看這麼的美麗，跑道燈光把我住的小鎮，點綴得像是在童話世界一樣，有一種淡淡的夢幻的感覺，這種感覺跟平常在大樓中或是在高山上看到的夜景是不一樣的，因為飛機的移動，讓小鎮的角度也慢慢轉變，每一秒都是一種不同的驚豔。

既然平常所認識的地標都不見了，我們只能依靠高速公路還有沿路不同的城鎮燈光，來確認飛機飛在正確的航向，往南部飛去，平常會飛過的小山不見蹤影，我們飛到高過它兩千英呎的高度確保我們的安全性。

除了高速公路以外，我們也利用飛行員機場點燈方式來幫助認識自己的位置，在非管制的機場，只要以點擊通訊按鈕的方式，就可以把機場的跑道燈光打開，分別以三、五跟七次來決定機場燈光的強度，這就像是在施展魔法。

駕駛艙燈光的使用

第一次開機場燈的時候，就好像是處在迪士尼樂園，米奇一揮手上的魔法棒，瞬間周圍都亮起魔法所帶來的光，在沿途上以這種方式搭配對照 Sectional chart（區域航圖）來確認飛機跟各個機場的相對距離是正確的。

在航路的過程中，因為小飛機裡沒有足夠的燈光，所以飛行員會帶著一個頭燈，裝在頭上，來幫助照亮閱讀機上的儀表以及一些航圖。我們必須使用紅色燈光的頭燈，如果照明光線太強烈，會讓眼睛無法適應外部的黑暗，無法做外在視野的確認。**在夜間飛行的時候，燈光的調節是一個很重要的學問，太暗的光會讓自己看不到東西，太亮的光也會讓自己的眼睛殘影看不到**

東西；可是在天氣很差，附近有打雷閃電情況的時候，卻又要把亮度調到最高，避免因為閃電打雷閃爍到眼睛，導致出現短時間的殘影，甚至是短暫失明的情況。

飛到這次的目的地之後，Kaela應該是基於教官職業道德，明明很緊張卻要我執行這一個落地，我心裡也很緊張，第一個夜間落地是一個很大的挑戰，我沒辦法預期等等會看到什麼樣的畫面，怎麼決定飛機跟跑道的相對距離，更不用說想要做一個漂亮的落地。果然，在落地的過程中，雖然有Kaela在旁邊的幫忙，還是不小心讓飛機狠狠地砸在了跑道上，一方面是在黑暗之中，飛行員在接近跑道的時候，會有一種自己比實際高度高的錯覺，所以平飄的高度，容易比平常低很多，甚至在平飄之前就直接飛落砸在跑道上，這種錯覺還會出現在窄跑道以及上坡型的跑道，有經驗之後，我都會在落地之前做好心理建設，不要讓這些錯覺影響自己。

▲民航客機裡面看出去的夜景

L11

越野飛行

終於擺脫永遠練不完的飛行動作課程，要做第一次越野飛行（Cross country）。

起飛之前有很多不同的準備工作要做，我跟教官約在學校的教室碰面，攤開我們的Sectional chart，用尺跟筆畫出今天要做的飛行路線，從起點到終點繞過高山，配合著我們從網路下載下來的天氣資料，與POH裡面的性能檢查表，試算出巡航高度與速度，在每一個航路檢查點花多少時間抵達，所需要搭載的油量，接著打電話給FSS（Flight service station）口頭遞交一份飛行計劃（Flight plan），報告剛剛算出來的資訊，掌握我們的行蹤，這就像是一份不用錢的保險，如果在一定時間範圍以內沒有抵達或回報的話，他們就會開始進行搜救。

做過了這麼多次的飛行訓練，越野飛行是我每次最期待也最快樂的部分，規定從起點到終點至少需要50海哩，這次去一個叫做CVO（Corvallis Municipal Airport）的機場，雖然已經跟飛學長的飛機去過很多次了，但是自己飛過去感覺卻很不同，中途就像是在旅遊一樣，看看市區景色、認認地形，很好玩。我們往南邊飛，有一條很長的河，只要沿著這條河飛就不會出問題，可以直抵目的地；除此之外，我們也會記住沿途高速公路、鐵路、通過什麼城市；中途經過各個不同的機場、城鎮才會到CVO，起飛之後與塔台結束服務通話之後，把Transceiver的頻率調到122.45（Mc Minnville flight service station）要求打開飛行計劃：

「Mc Minnville flight service station, cessna 5199K takeoff at 1300Z request open flight plan.」

「Flight plan is opened，do you need a weather report？」

「No, thank you，have a nice day.」

FSS的服務也包含最即時航路天氣簡報，只是老美每次都講太快讓我聽不太懂，落地之前再切換到FSS頻率將飛行計劃關閉，不然搜救大隊出來可不是開玩笑的。

下一步把頻率調到118.1（Portland approach-空域管制員）：

「Portland approach，Cessna 5199K，aircraft type is Cessna 162，5000ft 10 NM south west of Hillsboro airport，request flight following to Corvallis airport.」

「Cessna 5199K radar contacted, squawk4589.」

藉由請求Flight following，Portland approach會在雷達螢幕上監控我們的飛機，幫助確認附近飛機的安全距離，增加飛行安全，但是在區域管制員很忙碌的時候，就沒辦法得到這個保險。

駕駛艙裡的休息片刻

同時進行飛機的控制與導航、Check list的執行，還要進行這些對話，其實是相當累人的，單趟大概一個小時的飛行時間，如果要我們一個小時內都用力氣端著控制桿，不斷對抗空氣流動過飛機所帶來的鋼纜張力，飛行員一定會過於疲勞，又或者會變成性感壯哥。

當飛機到達巡航高度之後，我們會把飛機給Trim好，也就是利用駕駛艙裡面的Trim板調整位於飛機各方向控制翼的微調板，這些微調板幫助控制翼保持在我們想要的位置上，因此飛機可以自己維持姿態保持適當高度，不用讓飛行員出力。雖然每次trim好大概都只能維持一小段時間，大約幾十秒到幾分鐘內讓飛機不會偏離太遠，但已足夠讓我們端起咖啡欣賞風景了！

這趟旅程讓我稍稍體會到一個航空公司飛行員的工作型態，把自己擺在管理者的位置，監控飛機有沒有發生任何錯誤，其實飛機都會自己飛得很好！

第一趟的越野飛行到自己不熟悉的地方，雖然做的都是跟平常一樣的事情，但是換個環境又好像什麼都不會一樣，要重新適應，尤其是每個機場跑道寬度都不一樣，在降落的過程中會影響到下降率的判斷，出跑道之後要往哪裡滑行，這些都需要做足功課再上飛機，才不會手忙腳亂，每每飛完越野飛行回到學校，都會有一種無法言喻的成就感。

▲在飛行的過程中起飛右手邊會先看到Henry Hagg Lake，下方是Sectional chart的對照圖，我們透過一個一個景色與圖的對照，來確認自己在正確的位置上。

▲順著圖上的河直達我們的目的地CVO，經過Sectional chart上的黃色區域代表著城鎮，隱隱約約可以看到圖的正中間有一塊淺綠色的區域，那就是我們的目的地機場CVO，在真實飛行中，看出去就是這種感覺。

▲每趟越野飛行看著窗外一望無際的美麗景色，都會覺得能來學飛真是太好了

▶在學校用的飛行計劃表（Flight plan）

U.S. DEPARTMENT OF TRANSPORTATION
FEDERAL AVIATION ADMINISTRATION
FLIGHT PLAN

(FAA USE ONLY) ☐ PILOT BRIEFING ☐ VNR
☐ STOPOVER

TIME STARTED

SPECIALIST INITIALS

1. TYPE
VFR
IFR
DVFR

2. AIRCRAFT IDENTIFICATION

3. AIRCRAFT TYPE / SPECIAL EQUIPMENT

4. TRUE AIRSPEED
KTS

5. DEPARTURE POINT

6. DEPARTURE TIME
PROPOSED (Z)
ACTUAL (Z)

7. CRUISING ALTITUDE

8. ROUTE OF FLIGHT

9. DESTINATION (Name of airport and city)

10. EST. TIME ENROUTE
HOURS
MINUTES

11. REMARKS

12. FUEL ON BOARD
HOURS
MINUTES

13. ALTERNATE AIRPORT(S)

14. PILOT'S NAME, ADDRESS & TELEPHONE NUMBER & AIRCRAFT HOME BASE

15. NUMBER ABOARD

17. DESTINATION CONTACT/TELEPHONE (OPTIONAL)

16. COLOR OF AIRCRAFT

CIVIL AIRCRAFT PILOTS. FAR Part 91 requires you file an IFR flight plan to operate under instrument flight rules in controlled airspace. Failure to file could result in a civil penalty not to exceed $1,000 for each violation (Section 901 of the Federal Aviation Act of 1958, as amended). Filing of a VFR flight plan is recommended as a good operating practice. See also Part 99 for requirements concerning DVFR flight plans.

FAA Form 7233-1 (8-82)
Electronic Version (Adobe)

CLOSE VFR FLIGHT PLAN WITH ________ FSS ON ARRIVAL

L12

高角度轉彎

飛機轉彎的角度越大，所產生的Load factor（負荷因數）也就越大，當轉彎角度達到六十度，飛機會感受到兩倍的重力，也就是2G，超過六十度之後，負荷因數增加的比例會更高。平常我們最多只會使用三十度角來做轉彎，這時候人的身體不會感受到太多轉彎而帶來的重力，後方的乘客也不會覺得飛行這麼不舒服。

今天的課程只有一個科目，叫做「Steep Turn（高角度轉彎）」，這個科目日後也會一直跟隨我到民航業，每一種機型訓練都包含這個動作。程序上來說，輪流朝左右兩個方向使用四十五度角做一百八十度的轉彎，這是一個技巧，要將方向桿打到剛好四十五度角的地方再作微修正，同時利用垂直方向舵，也就是腳來踩Rudder pedal做出一個Coordinate turn（協調的轉彎），但是因為飛機轉彎的時候，部分垂直升力轉換到水平升力，所以在過三十度角左右的時候要帶一些機頭，來產生轉換掉的垂直升力，抬頭就會掉速度，也要多推一些油門，來補足帶機頭所消逝掉的速度，這個動作在進入轉彎的時候不難，但是在到達航向結束轉彎要平飛的的時候，如果不推機頭飛機就會因為多出來的升力開始爬升，如果推機頭之後不減少推力，飛機速度就會開始上升，一系列的協調動作缺一不可，需要很好的手眼協調，一不注意就會超出我們要的航向轉過頭，或是速度與高度的能量沒控制好，那就是不合格。

維持一樣的速度、高度，同時左一百八十度、右一百八十度的轉彎，就是這個訓練科目的精髓，在個人用飛行執照階段的要求只有四十五度，到商業飛行執照的時候要求就會到五十度，是一個不小心就會轉過頭到達六十度角產生兩倍G力的角度，到達兩倍G力；以我們練習用的小飛機來說，馬力沒有那麼強，很難用推力來維持需要帶的攻角，不是掉高度就是掉速度，不及格！我一開始做這個科目的時候因為要顧慮到的事情太多了，常常超過一百八十度一轉三百度，可以說是一個難度爆表的技巧！

L13

階段考試與第一次越野單飛

第一次的單獨越野飛行，要放單獨越野飛行之前有一次考試，來確定學生已經準備好一個人出去Solo cross country，基本上的內容就跟之前Kaela 帶我一起做的一樣，拿出天氣資料、POH還有Sectional chart來研究今天飛行的路線以及花費時間、油量等等基本準備。

我的考試被指定往南邊飛，也就是我的主場，看著那條常常經過的大河就好，跟之前上課的內容沒有什麼不同，但是中途考官叫我轉航到別的機場，模擬目的地因為任何原因無法落地或是飛機出狀況，要趕快轉降至最近的機場落地的程序處理。這時候就要拿出Flight computer（後面將介紹）跟Flight plan那張紙一邊飛，一邊東算西算，然後告知我的試算結果，該飛的航向與所需時間以及耗油，接著照著算出來的結果去飛，如果到時候沒看到機場，那就掰掰重考。所以有些同學運氣不好，在天氣很糟的時候要考這個試真的很煩，得花更多的心力去操作飛機，很容易把Flight plan加加減減錯，剛好飛進雲裡也是違規就不及格了！

上述情況在沒辦法專心飛飛機的情況下很容易發生，幸好我今天運氣好被指定到一個去過很多次的機場，一看就知道在哪邊，自己要一個人來處理雖然還是手忙腳亂，一不小心在過程中掉了很多高度，尤其因為今天天氣很好，很多飛機在該場練習Touch and go，所以考官幫我省略了進場起降這個部分，一看到機場就直接叫我導航回學校，回去之後我以為應該會因為今天的不沉著而被當掉，下飛機之後跟考官說了句：「Thanks for flying with me, I understand if you fail me.」但是他人真的很好，讓我通過考試，只要我再跟Kaela飛一次做練習。

初嚐飛行員的成就感

終於到了獨自面對越野飛行這天，其實這件事情讓我非常很緊張，一連好幾天都睡不好覺，好像回到小時候第一次幫媽媽去便利商店買東西一樣，只是現在長大了，知道什麼是危險之後就會忙著擔心。

起飛之前抱著真的有可能回不來的心情走上飛機，做著自己熟悉的程序，一如往常滑行起飛然後到達巡航高度。今天天氣很好，視野很清楚不太會有迷路的可能性，做完該做的程序完成check list，上了天空，意外的心情很平穩，這是第一次有身為一個飛行員的自覺，一切按照標準程序，沒有緊張的餘地，倒是興奮得不得了，第一次一個人在飛機這個空間裡面出航，讓我有很大的成就感！

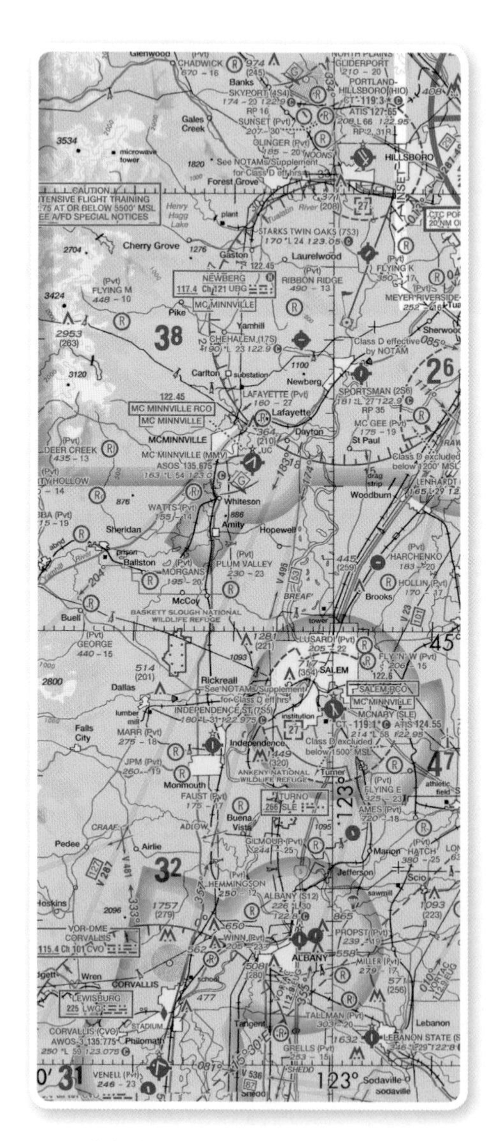

▲一路上運用Sectional chart對照路標確認自己的位置飛抵每一個目的地。

在飛行的過程中，要先確認現在風向強度，同一個飛行航向因為側風的不同，不會帶飛機到同一個地方，因為頭風尾風的不同，也不會讓飛機在一樣的時間到達同一個地方，飛行員最喜歡的就是巡航尾風，一來省油，二來就像是順著波浪游泳一樣，感覺很快很舒服。

快到目的地的時候，我忍不住自己的情緒，大吼了好幾次，有一種在戰場中心情亢奮的感覺。第一次做單獨越野飛行的時候，我在高空盤旋了好幾圈，雖然來過了，可是因為今天視野不好找不到機場，第二次就沒問題了，帶著更專業的態度飛抵我的目的地，走下飛機，到販賣機投杯可樂，點起一支菸，這可能是我目前最有成就感的一刻，Let's go！

£14

消失的機場

要在航空業待得長久，就必須要時時讀書，大家常說做飛行員很爽，錢多假又多，但是大家不知道這背後有多少血與淚！首先，要花大量得時間去讀書，然後又要花大量的時間複習，每一種不同機型的飛機都需要通過檢定拿到證照才可以飛，每換一種機型就像是被剝一層皮，記起全新的飛機系統，忘記之前養成的所有習慣，去適應一個全新的機艙，你可以打開網頁看看一架大型民航機的照片，看看裡面有多少按鈕，然後假裝你懂了每個按鈕是幹嘛的，接著你再繼續開另外一台飛機的照片，告訴自己剛剛那些按鈕你都要忘記，把新的那張照片記起來，是不是有感受到眼前一陣黑暗？那就是我們飛行員的日常生活。

到底為什麼開一台飛機要讀那麼多東西？雖然科技日益月新，但機器總有出錯的一天，有一些是小毛病，有一些是大問題，只有把所有東西都弄清楚記在腦海裡，才知道發生問題時該做出什麼反應，包含飛機系統、天氣、法規、導航、航管通話、飛機載重等等。

飛行員永遠在和天氣搏鬥，直到前陣子我才能夠一個人開這台飛機，每一次的飛行都還是一樣緊張，而這一次，讓我久久無法忘懷，那是在一個晴空萬里的美麗早晨，我一個人剛起飛進入爬升階段，一達到巡航高度後，短短五分鐘的時間，我忽然發現飛機下面佈滿了雲霧，我沒辦法辨識自己在哪裡，頓時我坐在飛機裡面冒了一身冷汗，因為之前受的初階訓練無法讓我們在雲裡飛行，更別說穿過它在機場降落。

在這個新手階段，去別的機場落地又要有教官的簽放授權，我不知道這在這個階段該不該飛到別的地方去，在空中一邊操控飛機，一邊呼無線電，想要問問別人的建議，可是在這種天剛亮又有低空雲幕的情況下，根本不會有飛機起飛，所以我沒有得到任何回應，再拿出手機打算撥打電話看有沒有教官可以給我建議，才發現我昨天忘記充電……

來自雲霧驚險的考驗

花了點時間冷靜下來仔細思考，我知道在早晨中氣溫還很低，天空只是短暫性達到水氣飽和，這在一個小時後就會因為氣溫的升高而消失，算一算以飛機的載油量還足夠在空中盤旋四個小時，所以我就在空中繞圈圈，保持低速度等待適當的時機。不出我所料，一個半小時後機場附近的雲霧散開，我也順利地從雲中間的洞鑽了下去回到機場。

當然，大自然的可怕不是只有這些事情，還包含對大氣的研究，什麼樣的徵兆會出現強大的不穩定氣流或是風切、龍捲風或颶風，對天氣的不了解就像不帶筆去考聯考，非常的危險。

對系統的了解更是重要，每一個把手、每一個按鈕背後有些什麼故事？與航管標準的通話方式都需要花很多很多的時間去研讀。

我們相當的幸運，這個時代航空業已經趨於成熟，我們永遠會在事故中學取教訓，在書本中的每一個段落，為什麼要學習身為一個飛行員不該有的危險態度徵兆？因為在過去有飛行員擁有這些態度，而導致悲慘的事故發生，我認為不限於航空業，在任何時候都該抱持一個心態——不貳過，有些事情發生過一次就夠了。

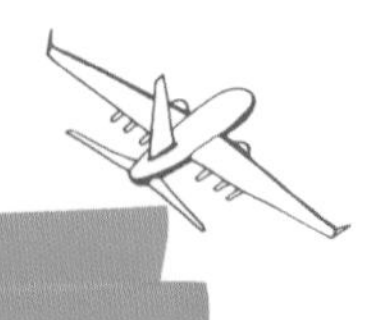

第一個大魔王：Private pilot license check ride

想要成為一個大客機飛行員，有很多挑戰需要完成，但是一切都從這裡開始。第一張私人飛行執照，依照天分跟努力程度還有天氣狀況不同，有些人只要兩個月，而有些人則需要一年才能達到。

今天天氣很好，我被安排與飛行學校自己的FAA認可飛行考官SK進行考試，這個考試包含兩個小時的口試跟兩個小時的飛行試驗，必須給付考官的考試費用是400美金，如果考試沒有通過，就要再給考官一次重考費用。

首先，我們會把事先做好的飛行計劃拿出來看，考官針對計劃進行發問。在這趟航程中包含天氣、導航設施、引擎的構造、飛航原理、機場構成，以及各種會造成安全問題的部分都需要有很廣泛的了解，才能夠通過這場口試。

基本的東西大家都會，在每個證照考試前也都會於最後階段模擬試驗EOC（End of course）練習，簡單來講，就是把幾本書念通、背熟就沒問題了，但是依照考官不同，他們都會準備幾題別人比較不會注意到，但是卻又很實用的問題，來考驗考生臨場表現，更有些考官會在回答問題的時候，故意改變態度施加壓力，阻擋考生思考，看你可不可以在驚嚇狀態中用平常百分之十的大腦去回答，模擬飛行中碰到緊急狀況的感覺。

口試結束後隨即進行第二部分的飛行測驗。跟以往一樣按照SOP從系統測試到起飛，在空中把之前學過的渾身解數都施展出來，當然有些事情不是做得出來就好，美國政府有本考試規章，裡面會標註每一個飛行動作的限制與規範，如果沒有在規範內做出來，也是不及格。

▲我得來不易的第一張執照——Private pilot license

雖然每個項目之前都學過了，但我還是有一兩項不熟的動作，譬如說Steep turn——高角度45 度角轉彎，在轉彎的過程中會因為G力增加，需要更多的仰角，或是更快的速度來增加升力，阻止飛機高度下降；也不是說不熟，而是因為每台飛機特性不同，鋼繩張力不同，所需要拉頭的力量不同，手感也完全不一樣，以致每一次都是一個新的挑戰，只能小心再小心。

在飛回學校的途中發生一個小插曲，我被考官帶到學校機場的東方做導航的考試，因為是在不同的區域往學校飛，地面上的風景大大不同，我很熟悉的那條長長大大的南方河已經離我好遠，飛著飛著，我真的快不知道自己在哪裡；就這樣過了十分鐘，就在考官快要插手阻止的瞬間，我眼睛一轉，終於瞄見了學校的燈塔！才趕緊航向一轉，飛了回去，好不容易將這台飛機還有我們兩個人安全地帶到地面上。

下飛機之後考官才跟我說，就在他發現我似乎不太確定學校方向的時候，幾乎已經準備接手，讓我再重考一次！呼，就這五分鐘的差別，差點要讓我再付好幾百塊美金，真的好險！

不論如何，從今天開始，我就是有牌的飛行員了！雖然只是一張美國路邊阿伯都可能有的執照，但是它總算讓我踏入這個夢想的大門裡面了！

地面課程

Ground Lesson 1 Human factors

在Part 141的課程中，每一張執照、每一種飛行資格（Type rating），都有規定必須要涵蓋的地面課程。我喜歡趁天氣不好不能飛的時候，跟教官約好一次上好幾課，並且在上課之前預習內容，才不會延長上課的時間，多花了冤枉錢。

地面課程第一課，人體對飛行的影響是這一課的重點，必須保持身體健康才可以成為一個飛行員，依照每個國家以及各個年齡的標準不同，每半年到一年需要做身體檢測，身體檢測的項目很多，有一項沒過就必須要停止飛行，直到複檢過關才可以重新拿到體檢證。

國內航空公司會幫飛行員保喪失執照險，如果確定因為某些身體因素過不了體檢，可以拿到一定金額的保險金，依照職級以及個人加保金額而不同以三百萬起跳。

酒精與藥物對人體的影響，很明顯的，酒精會使人的思考鈍化，所以不管在哪一個國家，都會規定飛行員在起飛之前幾個小時前不可以沾酒精，如果發現體內酒精含量超過一定數值，大部分的公司就會直接把你開除。台灣的航空公司規定報到前十二個小時內不能喝酒，是只要驗到有酒精含量就不行。

在我們公司有聽說過有一個機長，因為慶祝機長考試過關，大家去喝酒慶祝，好巧不巧碰到隔天隨機抽查的酒測，一被測到喝酒就開除了。苦讀十幾年，好不容易走到這個位子，卻因為貪杯讓一切都毀於一旦，是航空業屢見不鮮的事情。這也是一個飛行不該有得態度。

第一課還包括飛行員該有的思考方式：ADM, Aeronautical decision making, it´s a mental process used by pilots to consistently determine the best course of action for any kind of circumstances.

不管在任何情況，都要思考到後面可能會出現的蝴蝶效應，來做出當下該有的決定。我發現很多人到了飛行中後期，已經不記得這個觀念有多麼重要，然而任何一件空難，都是一連串的錯誤所匯集而成，在每個小細節都做出最好的判斷，才可以有一趟安全的飛行。

最後在課程中特別被強調的身體現象是缺氧（Hypoxia），當人的身體處在高空中，譬如爬很高的山或是空氣加壓系統故障的飛機裡，大腦會開始出現不正常的判斷，簡單的算術算不出來，甚至無法分辨自己伸出來的手指頭有幾根；當飛行員對儀表的解讀出現錯誤，有多麼可怕可想而知，最可怕的是飛行員本身並不會發現自己出現大腦缺氧的徵狀，因為一切都是很自然的發生。想成為一個航空業的飛行員，對自己身體的要求真的非常重要。

Ground Lesson 2 Airplane systems & flight instruments

飛機的構造：要成為一個專業的飛行員，需要懂很多飛行的理論以及飛機系統，但是要讀多少才叫夠？其實這沒有一個標準的答案，飛行這個行業，非常講究四個字——自我要求。

對飛行的瞭解越深，在飛行作業程序的了解，以及危機的處理上會有很大的幫助，可是要到怎樣才叫深，也是一個很難的題目，進入台灣的航空公司之後，我發現有很多人根本就連基礎現在這台飛機有幾顆輪子都不清楚，但是也有人很努力做每天的研讀，成為一個可以讓左邊的機長，或是右邊的副機長信任的人。

對於這個階段的我來說，需要懂得東西不用很多，畢竟只是為了拿到個人用飛行執照，不會問你引擎裡面總共有幾顆螺絲，雖說如此，忽然進入一個機械的領域還是讓人卻步。跟航空公司的民航機不同，我們用的小飛機Cessna-152非常輕量化，底部由兩顆主輪，還有一顆鼻輪構成，有些飛機是沒有鼻輪的，只有兩顆主輪加一顆尾輪，這樣子的差異，在起飛落地的過程中，操作上會有很大的差異。由許多這種飛機上的構造差異，或是強度上的不同，飛機所能承受的壓力也不一樣，從壓力上的差異來做出飛機的分類，例如馬戲用的飛機，所能承受的G值就很大，可以在空中翻轉，作出急速俯衝等動作，如果是我們訓練用的一般飛機，雖然能夠做出一些規定範圍內的動作，但是如果把它拿來做馬戲動作，那就有很大的可能性造成機體損傷，甚至是失去控制到無法回復的狀態。

除此之外，飛機依照用途跟飛行距離的不同，使用的引擎設計也有差別，大部分的民航飛機，使用的引擎叫做Jet Fan，在相對低的油耗之下，可以達到接近音速的空速，現在的飛機之所以持續保持在音速之下，是因為一超過音速，音障的形成會帶來非常大的阻力（超人起飛之後瞬間加速之後蹦！一聲往前衝的聲音就是突破音障），那就要注入更多的油，產生更大的推力，才能去抵抗那個阻力。

之前法國航太和英國的公司聯合研製的中程超音速客機所研發的協和號——Concorde，是一個很好的例子，它可以以2.02倍音速飛行，從巴黎飛到紐約只需約三個多小時，是普通民航客機的一半，後來因為油耗的成本考量不切實際，而沒有再被使用，法國人就是愛研發一些浪漫的東西。在Cessna上面會看到的是小飛機最常見的螺旋槳——Piston engine，在相對低的飛行速度的時候，是最有效率的省油引擎。

Ground Lesson 3 Aerodynamics and stability

飛機在飛行中會產生四個不同方向的力量，分別是升力（Lift）、阻力（Drag）、推力（Thrust），還有重力（Weight）。

要談飛機的升力-Lift，就要講飛機為什麼會飛？我個人認為這是二十世紀人類所創造出來的一種魔法，也是一種藝術，讓人類突破自己的限制，沒有長出翅膀，卻能將自己送到這麼高的地方。

實際上飛行基本的原理是白努利定律，翅膀上緣跟下緣的面積差異，設計上上緣的面積比下緣大，導致上緣氣流流速較快，進而產生壓力差，下方高壓往上方低壓流，產生升力，讓飛機可以在空中遨翔。可是當飛機頭抬得太高，也就是攻角太大的時候，超過它的Critical angle of attack，飛機翅膀上氣流開始變亂，停止流順的在翅膀上流動，就不會有足夠的高低壓差，那就是我們稱之為的失速，飛機速度快速下降，受到地心引力影響，往地面急速墜落，像是紙飛機沒折好，飛一半就掉到地上。

在航空業，很早以前已經有一套SOP讓飛行員去反應作出處理（Recover），程序是壓低機頭，加快飛機速度，讓機翼上氣流回復平穩，但是近年來，還是出現了幾次因為飛機機翼結冰導致失速、無法回復升力的航空業的災難。

Thrust：飛機前進的力量，就是引擎產生的推力。

Drag：當你把手攤平伸出行進中的車子，所感受到的一股向後的力量在推，這種感覺就是阻力最好的解釋，此外由於空氣分子非常的細小，所以一點點的不平滑表面，都可以給飛機帶來很大的阻力。

Weight：地心引力。

Lift：升力。

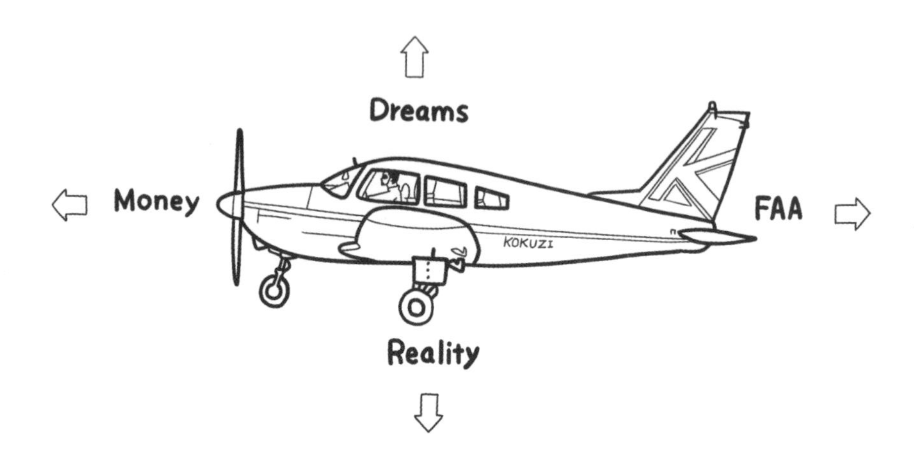

這四個力量是相對的，當四個力量達到平衡，飛機就可以在高空中穩定飛行。

AOA（Angle of attack）——我們稱之為攻角，他是飛機中心線與飛機前進方向的氣流的夾角，隨著AOA的轉變，飛機能產生不同量的升力，但是當攻角過大，超出了Critical angle of attack，飛機上所流過的氣流就會開始混亂，沒辦法循著原本的流向，從而失去該產生的升力。

Ground Lesson 4 Airport operations, charts & airspace

在FAA的航空法規裡面，清楚的規範出我們該有的操作模式來確保飛行安全，像之前提到的由飛機流量來制定空域等級，區分不同的規定，東西航向飛行必須使用不同的高度飛行來避免飛機迎面而來。

除此之外，根據地面上是城市、山區或是學校等等都有不同的高度限制，我們必須把這些空域法規給牢牢背熟，避免違規之後危害到我們的飛行生涯。

在地面上，飛機唯一會出現的地方就是機場，基本上機場由跑道、滑行道、停機坪以及塔台所構成，跑道會依照當地吹的盛行風而由不同的方向來建造，以東西向為例的跑道有兩頭，一頭是Runway 09，一頭是Runway 27，這邊的數字是以磁北而決定，跟飛機飛的航向一樣，所以我們要由西到東落地的時候無風狀態飛的航向090度，會讓我們落在Runway 09，然後離開跑道進入滑行道，滑行到停機坪。

在我們的學校Hillsboro airport，不像是出國玩的時候會看到的大型國際機場，裡面沒有舒適的登機室，也沒有令人眼花撩亂的各種免稅店，更不用說是海關跟X光機等設備，在美國這種小機場處處可見，很多都有飛行學校進駐，常常都會在天空看到小飛機飛來飛去嗡嗡嗡的螺旋槳聲，聽得讓人十分熱血沸騰！

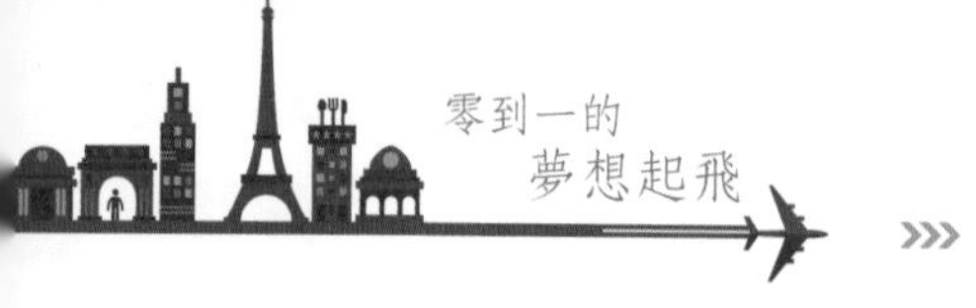

就像是開車一樣，在空中飛行員也需要一些工具來確認自己的位置以及導航。今天Kaela 介紹在飛行的時候會使用的航圖，分別是Sectional chart 以及Airport diagram。

先從Airport diagram講起，每個州都會有一本小小綠色的書叫做《機場與設備導覽 （A／FD：Airport／Facility Directory）》，裡面有每個州的機場資訊，決定了要去的機場，翻開那本書、找到那個機場，裡面有該機場所需要知道的資訊，包含機場的圖、使用什麼跑道、滑行道長什麼樣子、附近有什麼高大建築物或地障、落地之後該怎麼滑行到想去的加油站、機場營業時間、提供什麼服務等等。

我們會在做飛行計劃的時候，把該機場的那一頁割下來，放在夾子裡面，落地之前再複習一下，做個簡報。現在因為網路相當方便，出現很多航空資訊的網站，只要在網路搜尋一下，就可以找到最新的機場資訊，跟一頁一頁去翻的老方式比起來方便了許多。

接下來是Sectional chart，是一張大大的海報，按照1：500,000的比例畫出來，簡單來說，上面告訴我們哪裡是山、哪裡是城鎮、哪裡是機場，大部分時候我們要去一個陌生的地方，會藉由這張航圖來決定飛行路線，避過山區、尋找地標（Check point）怎樣飛會最安全，跟普通的地圖一樣，只是上面多了非常多不同的符號，分別代表不同的建築物、鐵路、湖泊、高速公路等，飛行員會用這個來確認地標，確認現在在哪裡有沒有朝正確的方向飛。

一樣受惠於現在網路科技的發達，飛行員大部分時候會用IPAD下載航圖來取代這些東西，使用GPS的時候就會顯示目前在電子Sectional chart上的位置，跟以前比起來方便了很多，安全性也大大提升了，畢竟因為空中迷航而發生過發生多事情，起飛之前確認身上有一份最新的航圖、確認IPAD有電，心裡再跟賈伯斯道個謝，很重要！

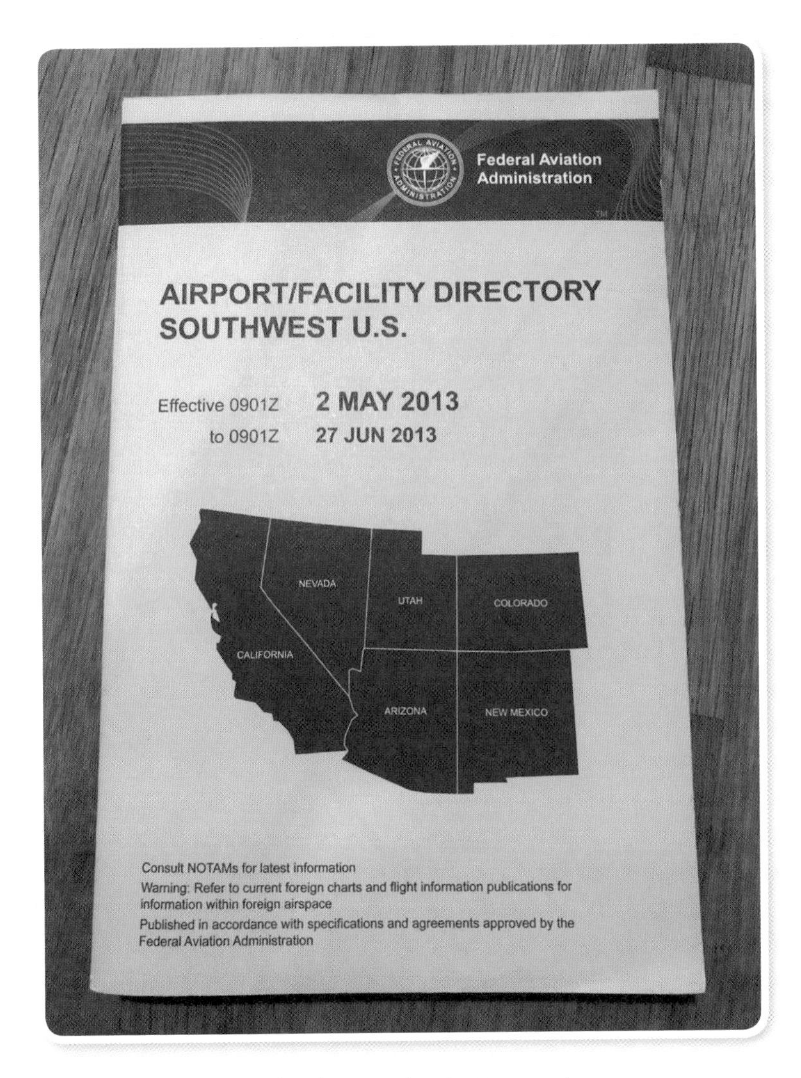

▲A／FD（Airport／Facility Directory）

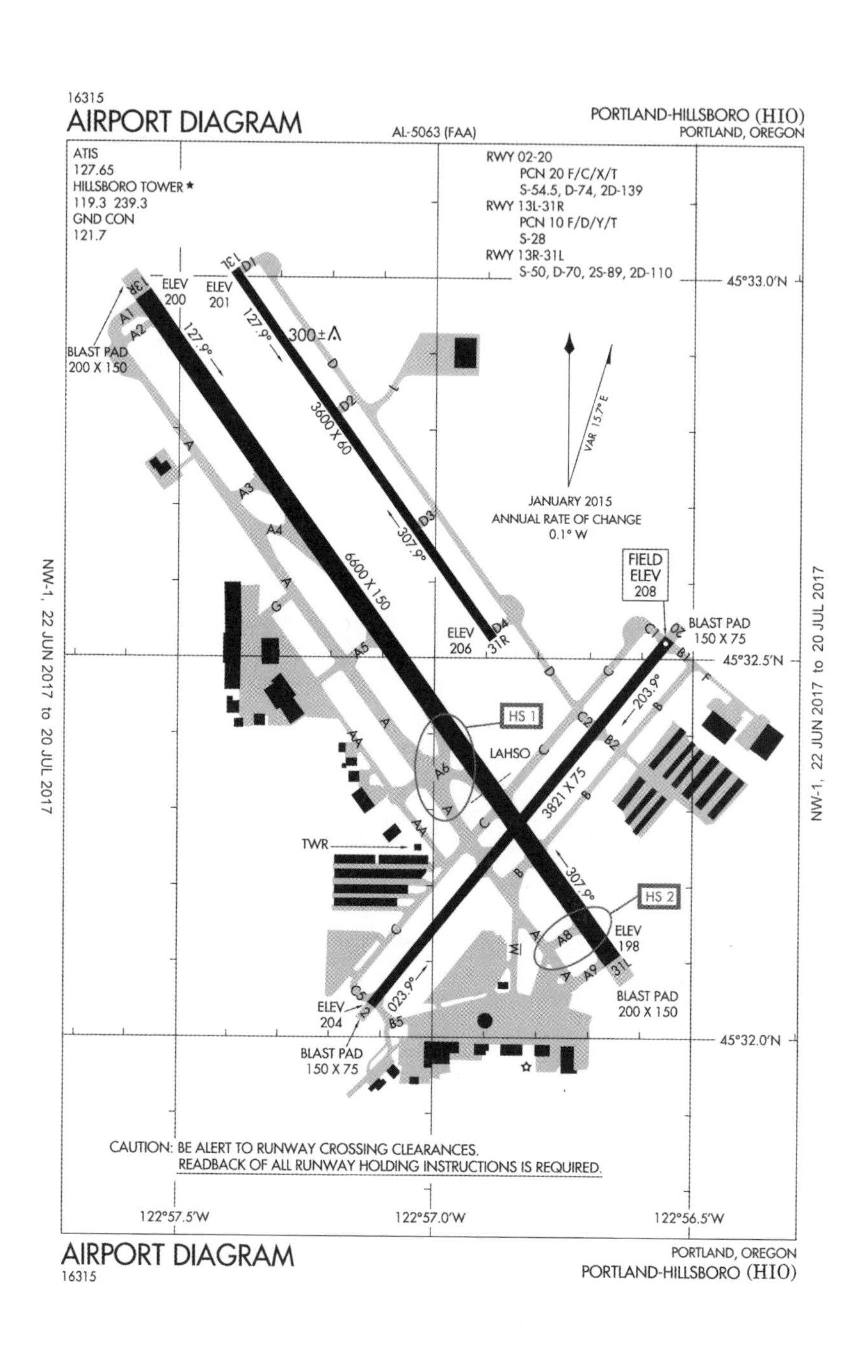
16315
AIRPORT DIAGRAM
AL-5063 (FAA)
PORTLAND-HILLSBORO (HIO)
PORTLAND, OREGON
ATIS
127.65
HILLSBORO TOWER ★
119.3 239.3
GND CON
121.7
RWY 02-20
PCN 20 F/C/X/T
S-54.5, D-74, 2D-139
RWY 13L-31R
PCN 10 F/D/Y/T
S-28
RWY 13R-31L
S-50, D-70, 2S-89, 2D-110
45°33.0'N
45°32.5'N
45°32.0'N
JANUARY 2015
ANNUAL RATE OF CHANGE
0.1° W
VAR 15.7° E
FIELD
ELEV
208
BLAST PAD
200 X 150
BLAST PAD
150 X 75
6600 X 150
3600 X 60
3821 X 75
HS 1
HS 2
LAHSO
TWR
CAUTION: BE ALERT TO RUNWAY CROSSING CLEARANCES.
READBACK OF ALL RUNWAY HOLDING INSTRUCTIONS IS REQUIRED.
122°57.5'W
122°57.0'W
122°56.5'W
NW-1, 22 JUN 2017 to 20 JUL 2017
AIRPORT DIAGRAM
16315
PORTLAND, OREGON
PORTLAND-HILLSBORO (HIO)

落地之後的塔台呼叫：

Hillsboro tower：Sky catcher 5199K, vacating runway via C.

——Vacating runway via taxiway C.

（換頻道到121.7 hillsoboro ground）

——Hillsboro ground Sky catcher 5199K vacating runway via C, request taxi to Hillsboro aviation.

Hillsboro ground：taxi via C, A, cross runway 02, M to Hillsboro aviation

——Taxi via C, A, cross runway 02, M to Hillsboro aviation.

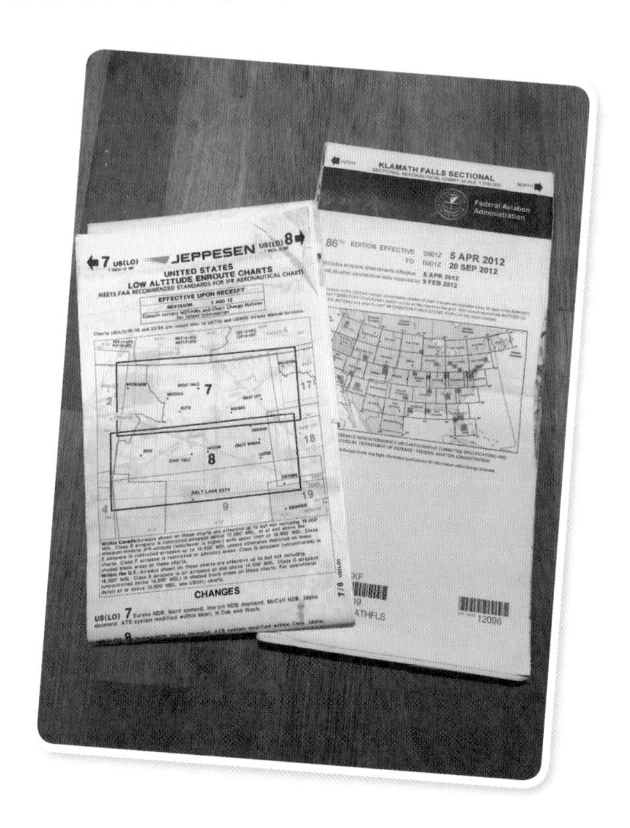

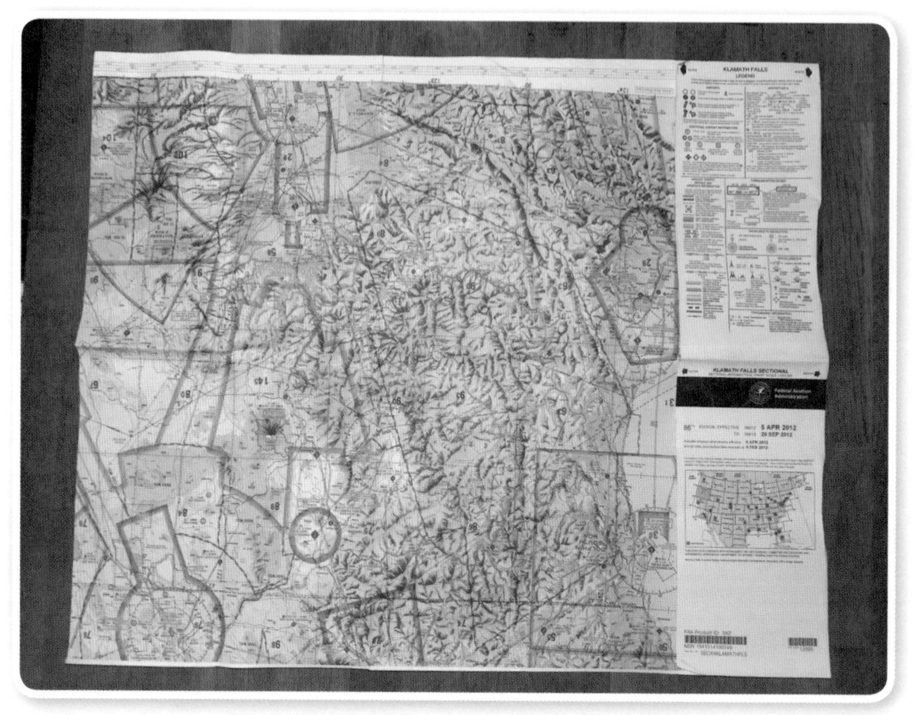

▲Sectional chart：密密麻麻的各種資訊，熟讀之後飛上天空，藉由看地面路標對照此航圖，來確認自己在正確的位置上

Ground Lesson 5
Communications, Sources of flight information

在飛行的世界裡，英文是母語，是世界各個航空公司的通用語言，英文的字母ABCDE被廣泛運用在飛行的各個角落裡，包含飛機的編號、機場滑行道的代碼等等。為了避免發音不清楚搞混的情況發生，這些字母各被轉換成不同的單字，使用的是國際無線電通話拼寫字母（International Radiotelephony Spelling Alphabet）A-Alpha、B-Bravo、C-Carlie等等。對剛開始接觸這些數字的人來說，要在飛機上一看到字母就立刻轉換成這些單字有些難度，我在去美國之前先花了一些時間適應它，所以沒有太大困擾。

在這課程中，主要教導的是跟塔台管制員之間的標準對話方式，在飛行時，無線電發話請求或是回答都必須是標準術語的，對亞洲人來說，是一開始必須跨越的難關，為此，學校的亞洲學生管理經理SK特別開了一堂免費的課，每個學生在剛到學校開始飛之前，都會被聚集在他的辦公室裡面，裡面有一個很大的機場平面地圖，每個人被分配到一隻小飛機，假裝坐在飛機裡面。SK扮演的是地面、塔台或是空域管制員，我們從在停機坪開始到上跑道、從起飛到平飛、最後降落回到停機坪裡面，在正常情況下，每個會用的對話句子都可以跟SK做到很完整的練習；我們在這天把所有對話抄下來，回到家一句一句跟室友練習，感謝SK的幫忙，讓我們很快地越過了這個難關。

除了跟管制員的通話，我們也可以在很多資料中得到每趟飛行的相關資訊，例如NOTAM（Notice to airmen），除了天氣，這也是每天起飛之前要看的東西，有幾種不同的類型，分別告訴我們現在哪裡的機場設備或是導航儀器哪裡有做更新、施工、目前管制禁飛區域等等，如果起飛之前沒有看清楚一個不小心可能就會造成違規了！

Ground Lesson 6 Weather theory reports and forecasts

天氣對於辦公室在空中的飛行員擁有直接性的影響，有時是朋友有時也是敵人，但是一樣的是，我們都要持續的去了解它，才能知道今天適不適合飛行，從過去到現在的氣壓系統，預測之後會產生怎樣的天氣轉變，高壓：代表著好天氣，氣流是穩定的，空氣的對流沒那麼明顯，可以預見低空一大片的雲，雖然可能看不到藍色的天空，但是你會想在這種天氣下出航。低壓：代表著壞天氣，氣流對流旺盛，像是颱風，就是一個很大的低氣壓中心，當你坐在飛機裡面，感受到飛機忽然產生激烈晃動，很多時候就是被低氣壓給掃到了。

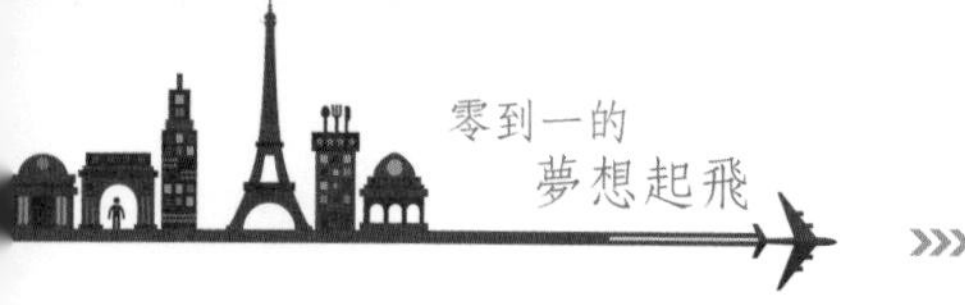

影響最大的就是在起飛與降落的時候，什麼時候會出現「Turbulence」，「Wind shear」甚至是「Microburst」，影響到我們在飛行中最關鍵的階段，產生危險性。更基本的，我們要知道空氣中的溼度有多少，空氣越熱能夠包含的水分就越高，當空氣達到飽和點，雲霧這些水氣就會被擠空氣中，影響飛行。

美國由於晝夜溫差比較大，半夜的時候看到地面上產生一陣濃霧，伸手不見五指，就是因為空氣溫度降低達到飽和。我們平常在冬天做目視飛行的時候，會避免在晚上飛回來，因為當地面產生濃霧，看不到機場就沒辦法落地，會很麻煩，可能要轉降到別的地方、在飛機裡面過一夜等待早上太陽出來，溫度升高之類的。

每一趟飛行之前，我們會先上網做功課，很多網站有提供飛行員這些服務，飛行員在用的天氣工具中，最常見的是METAR，它提供該機場每個小時的天氣顯示，包含風向、風速、雲幕高度、氣溫以及水氣飽和度，還有氣壓設定值等。接下來是TAF，提供二十四小時內的氣象預測，這兩個東西是飛行員的好朋友，不管走到哪裡都可以用到哪裡，有一定的書寫格式，看起來有點像密碼，我也不知道為什麼不寫得更白話，也許是因為這樣可以加快飛行員的閱讀速度，或者是讓飛行員看起來比較專業比較帥。其他還有高空風向風速觀察圖，氣壓圖等，很多東西要去理解，當然，上面也充滿一堆奇奇怪怪的符號，全部都是每次考試的重點。

METAR範例

KHIO 190753Z AUTO 00000KT 10SM OVC055 15/12 A3007 RMK AO2 SLP180 T01500122 402390139

——At KHIO, 190753 Zulu time, no wind, visibility over 10SM, cloud overcast at 5500FT, temperature 15 and dew point 12 degree celcius.

TAF範例

TAF：KHIO 190536Z 1906/2006 27005KT 6SM SCT025 OVC045 FM191000 VRB03KT BKN025 OVC045 FM191400 20003KT SCT025 OVC045

——At KHIO, 19000536 Zulu time, forecast from 1906-2006, wind is from 270 degree 5 knots, visibility 6SM, cloud scattered at 2500FT, overcast 4500FT, from 191000 wind is Variable 3knots , cloud broken at 2500FT, overcast 4500FT , from 191400 Zulu, wind is from 200 degree 3 knots, cloud no change.

Ground Lesson 7 FAR-private pilot privileges, limitations, NTSB accidents reporting requirements

在學飛的整個過程中，每個階段都會有一課介紹該階段完訓拿到執照後可以行使的權利與限制，以個人用飛行執照來說，可以載人，不可以收取酬勞，頂多只能拿該趟飛行一半的費用——平分飛行成本。

拿到執照之後，到了累積飛時的階段也就是最好玩的地方，我們都會跟朋友約一約，合租一台飛機出去飛行，假設一個人出去飛兩三個小時就會感到有點累，如果兩個人一起飛出去，就可以飛到單程三個小時遠的地方，一個人飛過去，另一個人飛回來，時數花費除與二，飛得比較遠，也比較有計畫飛行的難度，真的很好玩。

在美國，FAA（Federal Aviation Administration）是飛行政府組織，就像是空中警察，制定該有的法規，以保護天空的安全；另外一個一定要認識的是NTSB（National Transportation Safety Board）主要負責調查航空界的事故與違規。我在進航空公司之前為了把自己準備得更好，仔細地看完全系列的一個國家地理頻道影集紀錄片，敘述歷史上有名的各個空難事件，從發生到出事再到調查，叫做《Air crash investigation》。

在十幾季一百多集裡，大部分時間都可以看到NTSB 的蹤影，他們會用很多不同的方式搜集證據及調查每一件空難的原因，防止同樣的空難再次發生，透過這個影集我學到很多事情，讓我朝成熟的飛行員更近了一步，曾經聽說台灣的一家航空公司在考試的時候播放了這個影集的其中一集，要求考生回答造成空難的原因是什麼，以及怎麼做才可以預防等，我認為對於飛行員人格的養成，會很有幫助。

Ground Lesson 8
Performance, weight & balance and flight computers

今天的地面課程要了解飛機的性能，在飛機出廠開始賣之後，飛機公司會出版該飛機的POH（Pilot Operating Handbook），顧名思義，就跟買電視一樣，會出版一本使用說明書，不一樣的是，你要真的把它打開來看，真正地去瞭解它的操作方法，以及一些使用上的限制，包含速度限制、經過測試可以做的飛行動作技巧等，如果超出這些限制，可能會導致機體受損，進而造成危險，當然這些東西是要從書中找出來，並且背下來的。

另外就是飛機裡面各個系統的設計，包含電子、液壓等，越大的飛機，他的系統就越複雜，對系統越懂，也就是對這台飛機的運作邏輯越瞭解，當出現一些不正常甚至緊急程序的時候，也就可以得心應手的處理。

在美國拿商業駕駛執照的時候，對知識的了解也就越嚴格。想要成為一個專業的飛行員，必須先成為一個專業的藝術家，很多考官會要求畫出一套飛機之內的系統，然後告訴你哪個部分失效了，會影響到什麼東西以及要求解決的辦法，我在學飛的時候在這個部分吃足了苦頭，因為我的畫真的很醜，一畫出來考官就覺得每個地方都失效，考之前我都會先說：「I know I suck at painting, but I do understand the system！」

對飛行員來說，這本書最重要的部分之一是各個階段的性能，包含起飛、爬升、平飛、下降以及落地，在不同的重量以及條件下，飛機經過測試，記錄下來，提供一個依據，在做長程飛行的時候更為重要，必須要清楚記錄下來需要用什麼速度爬幾分鐘，平飛的時候平均速度可以到達多少，在什麼地方開始下降，再去計算各個階段的耗油量分別是多少，以得到我們需要的總油量數字，在起飛的時候加滿足夠的油到那個地方。

數字出來了，就輪到我們飛行員的好朋友出場，叫做「Flight computer」，並不是一台電腦，是一張尺加一個圓形的板子，藉由旋轉這個板子配合尺上的刻度，會告訴我們關於飛行時查出來的數字經過計算得出的各種資訊，譬如油耗、由不同角度吹過來的風所造成的地面速度以及所需要的航向角度等。在美國學飛這是一個必需品，直到IPAD出現在航空業，很多計算都可以改由IPAD來做，還是一樣謝謝這個時代所帶來的美好，謝謝賈伯斯！

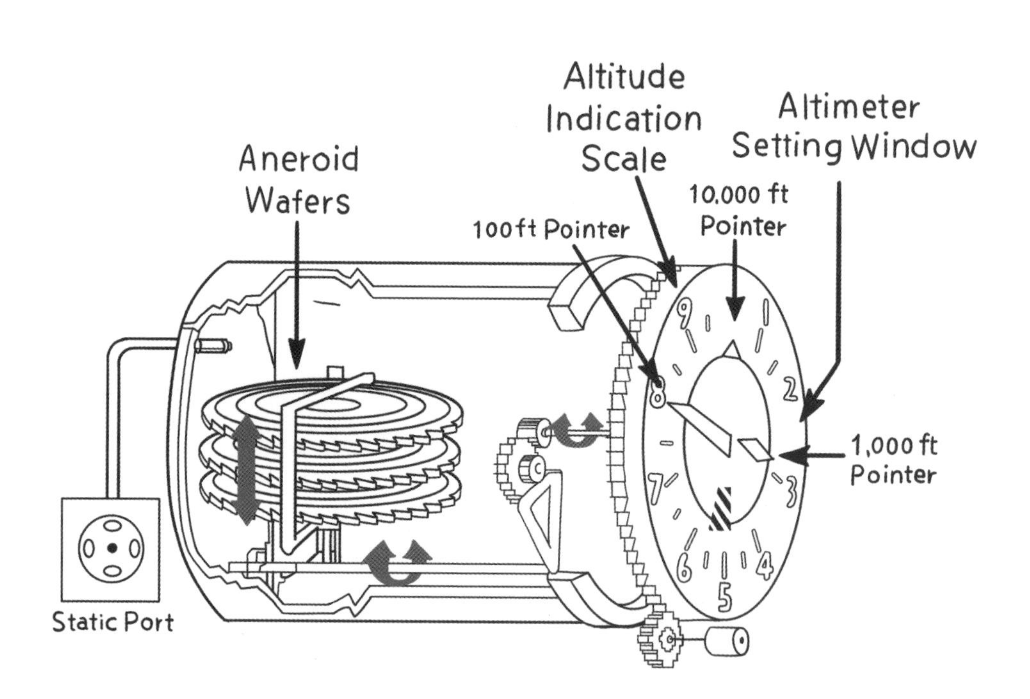

▲高度表（Altimeter）的內部構造，裡面有什麼連接著什麼除了記清楚，更要畫得出來

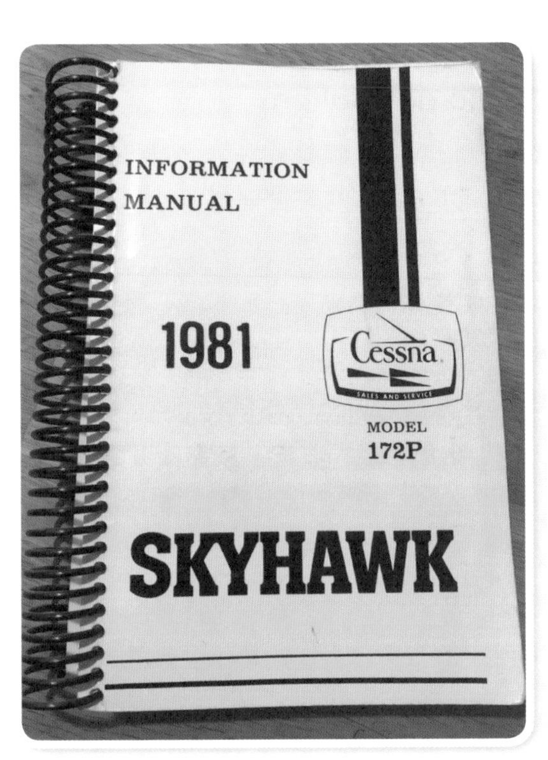

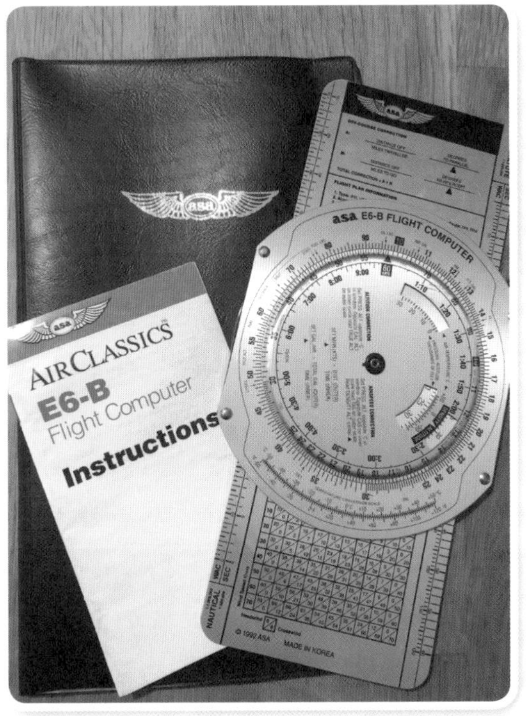

▲POH (Pilot Operating Handbook)

▶E6B (Flight computer)

Ground Lesson 9
Pilotage, dead reckoning and radio navigation

在個人用飛行執照的課程當中，有一段內容關於飛行員導航，相較於現在民航客貨機都有配備高科技的衛星導航，也就是GPS，提供點到點的導航飛行。

在美國小飛機學飛的階段，通常沒有裝備這麼高級的GPS系統，而且這就像還不會走路就先學跑步，有一點本末倒置，從飛行員導航最基本的技巧開始，看外面！也就是Pilotage，我們必須要靠自己的雙眼對照Sectional chart來認路上的地標，包含記住中途會經過的顯眼地點，城鎮、鐵路、運動場等。

第二個在PPL導航花了大半時間在學習的課程是Dead reckoning，用上一課介紹過的Flight computer得出高度、速度、航向、油耗、指針偏向等資訊再跟環境因素風速、風向、氣溫等組合來做計算，得到一個結論值，才能到達我們要去的點。

除此之外，也有一些很重要的地面導航儀器，其中最常用到的是VOR與ADF，作用概念是在地上每特定距離設置一個訊號發射台，將訊號往三百六十度發射，當飛機上的接收器收到這些訊號，就可以藉由與發射台的角度來確認自己的相對位置。

由此延伸，後來民航業也將發射台與發射台的位置做連接，發展出一套Airway系統，也就是空中的高速公路，當你決定去一個地方會優先選擇走哪一條Airway，一方面幫助做飛行計劃，也方便讓雷達控制員掌控飛機的位置。

因為它的費用比較低，所以現在美國很多小飛機都還是會配置這些裝備。缺點方面，它的訊號至從地面直線發射，所以可能會受到天氣雷雨雲，以及建築物或是山等阻擋而受到干擾，而且因為發射台所在位置的限制，飛行員常常必須要繞許多段路，先飛到發射台，再轉向朝目標前進，而花更多的時間，也需要更多的油，當GPS出現在航空業的時候，真的是掀起了一陣很大的革命，也讓飛行更加的安全了。

PART 2

INSTRUMENT RATING

FAA Requirements to Obtain an Instrument Rating (Summary)

1.Hold at least a Private Pilot Certificate

2.Be able to read, write, and converse fluently in English

3.Hold a current FAA medical certificate

4.Receive and log ground training from an authorized instructor or complete a home-study course

5.Pass a knowledge test with a score of 70% or better. The instrument rating knowledge test consists of 60 multiple-choice questions selected from the airplane-related questions in the FAA's instrument rating test bank.

6.Accumulate appropriate flight experience

7.Receive flight instruction and demonstrate skill

8.Successfully complete a practical (flight) test given as a final exam by an FAA inspector or designated pilot examiner and conducted as specified in the FAA's Instrument Rating Practical Test Standards.

Instrument Pilot Privileges and Limitations

With an instrument rating, you will have the freedom to fly in more places and in Instrument Meteorological Conditions（IMC）. As the title implies, an instrument rating permits you to fly "by instruments," i.e., without visual references to the ground, horizon, and other landmarks. You will be able to fly through clouds, rain, fog, etc., all of which restrict visibility. This skill is particularly useful when you fly long distances. It is frequently difficult to travel such distances without encountering weather systems requiring instrument pilot skills. As an instrument rated pilot, you are required to adhere to the operating and flight rules as outlined in FAR Part 91.167-193. These include：

1.Specific fuel requirements

2.IFR flight plan and ATC clearances

3.Takeoff and landing minimums

4.Altitude and communication requirements

L15

第二種機型——Cessna 172

進入在美國的第二階段，取得儀器飛行執照的過程中，我們要轉換到另外一種機型，叫做Cessna 172，也稱為Sky hawk。現在在美國這台四人座單螺旋槳飛機經過幾十年地位還是屹立不搖，不管是商業或是私用，大家都很愛這台空中Toyota。

這是一台四人乘坐的飛機，後面多了兩個位子更大更重。在這個階段的訓練中，我們可以坐在其他人課程中的飛機後座，藉由看別人在幹嘛，冥想練習增加自己的經驗值，更棒的是，現在可以多載兩個妹去天空約會……歐，不是，是可以請朋友在後面記錄我們犯的錯以做事後檢討，順便幫我們拍攝飛行的英姿照。

在美國常常可以看到一些大尺寸的飛行教官，在一開始的PPL訓練上就必須使用這台飛機，因為小飛機塞不下，常常可以聽到他們在飛Cessna 162或152 的時候說，他們只能選擇帶油或是學生其中一個，因為太重了！

我們學校這台飛機一個小時收費大概美金160元，加上教官訓練費大概要花美金220元。為什麼要多花錢在這個階段使用更大的飛機呢？因為在做儀器飛行的時候，飛機裡面的儀表有配備要求，我們的Cessna 152由於太過老舊沒有這些儀表，所以必須另外去適應這台飛機，這台飛機的重量大概是Cessna 152的兩倍，在飛行的過程中，可以很明顯的感受到透過鋼繩帶來的力量強度不同，尤其起飛還有落地，這個力量不是重，是一種很沉的感覺；也因為翅膀比較大、比較寬，平飄的過程中，可以比較早順著地面效應氣流（ground effect），平飄在跑道上。

換到新的機型，第一堂課就是去適應這台飛機的特性，在上課之前我們要把之前學習過的東西忘掉，背起新的POH，雖然都是Cessna的飛機，但是系統跟飛機限制都是不同的，花兩個小時做以前做過的飛行動作技巧，把新的手感抓起來。

▲Cessna 172-sky hawk

L16

第一次儀器飛行

在PPL課程結束之後，我休息了一個月，做越野飛行的時數累積，順便在上飛行課之前把IFR的地面課程先上完，一方面是想在下個階段之前做點準備，另一方面只是不想太快面臨下個挑戰。

接下來的挑戰是儀表飛行資格，這是一個很特別的訓練，通過後我才可以合法地飛進雲裡面，這也是現在民航界唯一使用的飛行方法，也就是說在空中，不管看不看得到外面，我們都可以安全地抵達要去的地方。事先透過申請，告知塔台人員飛行的目的地、預計時間花費以及航程路線；這些航線都有專門的圖，叫Jeppesen chart，**用很清楚的方式告訴飛行員空中有哪些道路，每個機場有什麼樣的儀器進場設施、程序**，沿著這些設施就可以在看不到機場的情況中下降到最低的合法高度，就算雲再低，都可以把飛行員的專業發揮到極致，帶乘客安全的抵達目的地。

在飛行學校裡面，我們常會找幾個熟識的朋友，彼此約定好每次上課都互坐對方的飛機，以此先預習或複習每一堂課。剛開始的時候，我只看到飛行員低著頭帶著Hood，聽著教官指示，飛不同航向、飛不同高度，好像很簡單，但是當輪到自己的時候根本不是這麼回事，飛行IFR是一門思考的藝術，如果個人用飛行執照的訓練是要在踏出第一步的時候預想下面第二、三步路，那IFR需要的則是預想到第十步路。

藉助儀表掌握飛行

這個階段主要的初步練習是看著儀表飛出精準的速度、高度以及航向，也就是說，就算我們在雲裡面看不到外面的地標，也可以知道飛機在天空中的哪個位置，可是不可能每天都有這麼多雲讓我們進去練習，在美國有些地方甚至一年到頭都是藍天沒有白雲，所以每一堂課都要戴Hood在頭頂，Hood會把儀表以外的視野全部遮蔽著，累積所謂的Hood time。

這種IFR飛行需要很精準的儀表，所以在起飛之前必須在飛機測試區域（Run up area）做IFR儀表檢測，接著起飛，由教官帶著指示，飛他要的高度、速度，再由不同的速率、不同的速度上升下降轉航向，練習儀器掃描的能力，確認我們目前的飛機狀況。

資深教官告訴我們，一個傑出的飛行員，藉由掃描六個儀表掌握飛機的姿態，只能夠使用0.7秒，對於剛進入這個階段的我來說根本是不可能的任務，起初從5秒一個循環開始掌握這六個資訊，慢慢的去習慣把時間縮短，而這個5秒到0.7秒的距離非常遙遠，這個距離也伴隨著成為專業飛行員的成就感。

儀表的掃描技巧方面，分成所謂的主要與輔助儀表，舉例來說，當我們確認目前的高度時，主要儀表高度表（altitude indicator）直接顯示現在的高度，同時會瞄一眼輔助儀表垂直速率表（vertical speed indicator）來確認飛機沒有處於爬升或下降的狀態。可是當在爬升的時候，主要儀表就變成垂直速率表，在瞄一眼輔助的高度表顯示持續上升，用飛機姿態表（attitude indicator）確認飛機中間那條白線是往上的，也就是一個正的仰角。經由這樣子不斷的練習，飛行員很快地習慣只用儀表來飛一台飛機。

在這個階段練習之後進航空公司之前，要做「Primary flight display（PFD）」的轉換，我花了很多時間用Microsoft出的電腦飛行遊戲軟體做了儀表掃描的練習，在大客機的轉換訓練上，能夠更快得心應手。

◀左上角的是Airspeed indicator顯示速度並由不同的顏色區別提醒速度限制；中間上面是Attitude indicator 由下半部黑色的地方告訴我們哪邊是地面哪邊是天空，中間一條白色的線代表我們相對於地面天空的姿態；右上角的Altitude indicator 由三根指針表示現在的高度；左下角的是Turn coordinator 讓我們可以做出一個standard turn；中間下面Heading indicator 表示飛機的航向；右下Vertical speed indicator則是顯示我們現在爬升以及下降的速率有多快。

▶Flight hood：戴在頭上遮蔽外在的視野，專注在儀表飛行的訓練上

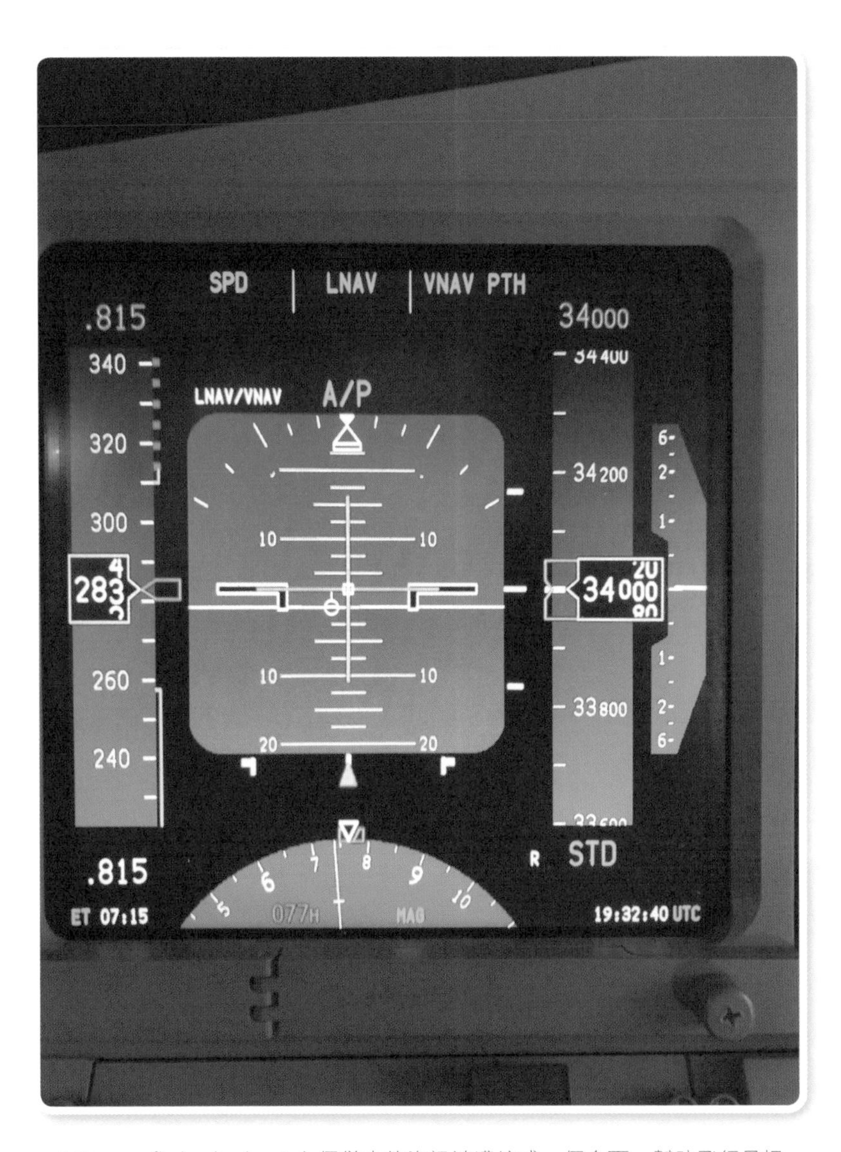

▲Primary flight display：六個儀表的資訊被濃縮成一個介面，幫助飛行員提升儀表掃描的速度

L17

真正進雲操作

今天的課程銜接著上一課，做儀器來回掃瞄的練習，但是難度加強了一倍。教官在飛行的過程中隨機將六個之中的儀表給蓋起來，遮斷我一部分的訊息，讓眼睛習慣就算沒有全部的資訊也可以維持穩定飛行姿態的練習，當然也包含轉彎、爬升、下降等基本飛行姿勢。雖然儀表被遮住了，但是因為眼睛已經習慣在某些特定時刻去掃描那些儀表，所以在飛行的過程中一直有卡卡的感覺。

練習到航向指示儀（heading indicator）失常的時候，在沒有配備GPS的飛機裡面是很麻煩的問題，不知道自己到底飛往哪裡是沒有辦法導航的，這個時候Magnetic compass（磁羅盤），就帶來很大的幫助，它像是一個指北針，永遠指向北方，也因為是利用地磁力運作的設計，是很可靠的儀表，我們可以藉由它知道自己目前是飛往哪個航向，但是由於地球是傾斜著運轉的緣故，在不同的地方，會有不同的角度偏差，加上它往不同航向會有delay或者是overshoot的情況，所以我們要養成持續去修正、持續去練習的習慣，才可以很快得到真正要的正確航向。

打破大腦錯誤認知

今天第一次真正進入雲中飛行，才深刻體會到這張執照訓練有多重要，因為真如課本上寫的，在雲裡面身體帶來的各種訊息是錯誤的，人的大腦藉由半規管以及視覺來主導平衡，在雲裡面我們必須要相信飛機的儀表，在這次的飛行中身體不斷告訴我在下降或爬升，可是實際上卻是相反，我正處於平飛的狀態，我不斷地想要把機頭往下推讓飛機下降，可是旁邊的教官卻一次又一次地阻止我，一直叫我去看儀表，這才知道我身體所感受到的是不正確的，有點類似車子停在停車場中，旁邊的車子開始倒車出車庫，卻以為是自己在前進而嚇了一跳的那種感覺。

很矛盾的是，第一張執照叫我們仰賴身體的感覺，這張執照卻是逆向操作。在過去的飛行歷史中，有許多儀表出錯，搭配人體錯誤訊息，而導致空難發生的經驗，對於出生在現代很幸運的我們來說，每一個儀表都有備用設備，就算系統出錯還有一個備用按鈕，一按就恢復正常，讓我們不會落於那種窘境。

▲在航向指示儀出錯的時候我們會用磁羅盤（Magnetic compass）來幫助我們進行導航

一系列的訓練中，單一儀表失常時不時會來拜訪，教官會用一個便利貼，把其中一個儀表貼住，必須要由其他的儀表，間接得到相關訊息，又或者要我們把眼睛閉起來，教官將飛機用到奇怪的姿態，例如非常低速機頭抬非常高，或是相反配合轉向，逼著我們做瞬間判斷，做出對飛機的平復修正，這種瞬間就要作出反應的事情，也可以看出一個人的手眼協調如何，有沒有成為一個飛行員的潛質。

L18

導航儀器操作

在PPL的訓練過程中接觸過的VOR導航系統，從那時候的參考用小道具，變成現在飛機導航的主要工具，因為成本太高，大部分小飛機裡面都沒有安裝GPS。在雲裡的世界裡面，它跟NDB可以說是帶飛行員回家的唯二保命稻草。

在這堂課裡面，帶著Hood，聽著教官假扮成空域管制員，飛著航向去攔截我們被指定的「Radial」，試著去飛，把VOR顯示儀表的指針放到中間。在地面上，我們必須經過無數次的練習，從一開始必須要拿出一張紙把它畫出來，建立空間概念才能辨別的情況下，到一眼能看出我們現在位於VOR地面站台的哪個地方。接著，NDB是屬於比較舊式的導航系統，很多飛機已經配備，比起VOR，相對的沒有那麼精準。VOR的導航方式叫做「Tracking」，NDB的叫「Homing」，相對於把指針移到中間，NDB的訊號顯示方式永遠都在中間，它會一直指向站台的所在地，所以在一開始的練習上會感受到一點困惑，但只要在地上多練習、想通，就變得很簡單，一如它的名稱——指向回家的路。

做完導航的基本練習，開始學習運用「空中待命（Holding）」，還有固定距離的弧形飛行——DME Arc（Distance measuring equipment Arc）是最基本的兩個運用。

先說Holding，在上地面課程前，我已經在Jeppesen教科書裡徹底了解holding的意義還有運作方式，雖然它有很多種形式呈現，但是基本上就是在避開地障的情況下做空中盤旋，最常出現的就是Holding在VOR站台上，飛出一個橢圓形加上一條進入航向。

一開始一樣要在紙上畫出來才比較有空間概念，但是後來也是駕輕就熟，經由不同的切入方式，分為：Parallel、Tear drop、Direct三種進入方式，如果現在靜風狀態，一切就會很簡單，可是一碰到側風強如三十節，這個時候需要做的風向修正就很重要，一不小心飛超出受到保護那一側，那又是一個Re-check。

DME Arc 不是一個很難做的技巧，就是一個程序讓飛行員從巡航的過程中，進入一個儀器進場，顧名思義，需要的配備是一個DME顯示器，還有一個配備DME的站台（大部分是VOR站台配合使用），飛機會接收距離站台還有多遠的距離，舉例來說十海哩，從一個Radial 進入一個由十海哩畫成的圓圈，最後再由Outbound的Radial 去攔截最後進場航向。

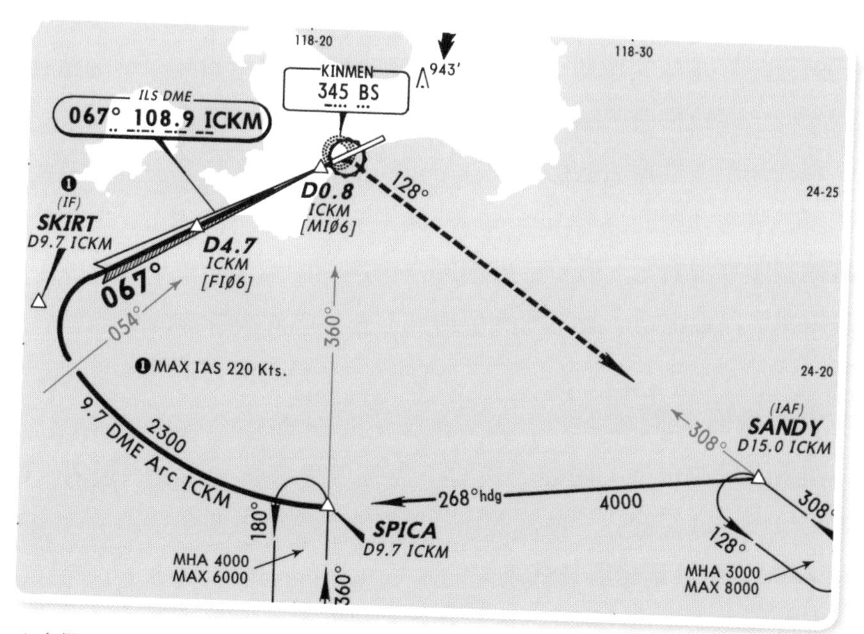

▲金門RCBS ILS RWY06，由SPICA進入距離BS九點七海哩的DME arc，到SKIRT飛航向67度做進場

L19

精確與非精確進場

之前的課程將該學會的儀器飛行技巧都學得差不多了，接下來終於要進入這個階段的正題——儀器進場（Instrument approach）。藉由儀器的幫助，能夠安全的落地是最重要的工作，在雲幕之中看不到外在的情況下，藉由儀器輔助下降直到機場高度幾百或一兩千英呎以上（大概是落地前二十秒到一分鐘），再藉由目視外在視野的轉換落地。

儀器進場的種類有三種，分別是精確進場（Precision approach）、非精確進場（Non-precision approach）與進場垂直輔助（Approach with vertical guidance）；三個進場種類又由各種不同的儀器提供不同的水平航路以及高度訊號分成好幾種的類型，不同的儀器種類所發射出來的訊號因為其精準度要求不同，導致飛機可以下降的高度不一樣。

現在民航客機會去的機場大部分都有高精準度的儀器設備，有些甚至可以讓飛機吃著訊號連接著Auto-pilot一路飛到跑道上，做出Auto-land，讓現在的落地型態都很安全。有一些機場因為旁邊有山或是建築物等地障，讓飛行員必須早早目視跑道，避開地障手動飛下去，這就很考驗飛行員的技巧。

讓飛機完美落地

在美國飛小飛機的時候，機艙不會有這麼昂貴、高級的儀器，所以給了我們很多的練習機會。做過最多次的落地型態是ILS approach（instrument landing system），這是屬於最常見的Precision approach，基本上它可以提供飛機水平跟垂直訊號成為一個三度下滑角提供一條進場航線，讓飛行員順著這個像是溜滑梯的航線下降到機場高度加兩百英呎，目視跑道落地，在這裡所謂的兩百英呎，指的就是最低下降高度，如果順著這個溜滑梯下去沒有看到跑道，就必須要「Go missed approach」，全推力再度爬升，看是等雲幕散開之後再次嘗試落地或者是轉降到天氣比較好的附近機場。

每一條跑道的儀器進場都會有相對應的進場航圖，上課之前，我們要去飛行員商店買會用到的航圖，選擇有兩種，大致上都提供一樣的資訊，第一種是FAA出的NACO chart，可以在學校買或是網路下載來，第二種是Jeppesen chart，現在民航業大部分都是使用這一種，雖然收費比較貴，但是大家為了避免進航空公司之後適應不良，所以都會多花點錢增加以後進入航空公司的機會。哪一種航圖好用見仁見智，可是對我來說，Jeppesen出的航圖似乎比較簡單，一看就懂，買回家之後對照Jeppesen裡面的教科書，充滿一大堆的符號以及數不盡的縮寫，又是一場殺死腦細胞的記憶戰爭。

Precision approach提供的是一條「Course」跟「Glide path deviation」，像是溜滑梯的感覺，通常都是三度下滑角，這個種類中還有Precision Approach Radar（PAR）、Instrument Landing System（ILS）, and GBAS Landing System（GLS）。

Instrument Landing System（ILS）

這是以台北松山機場跑道為例的ILS RWY10 approach：

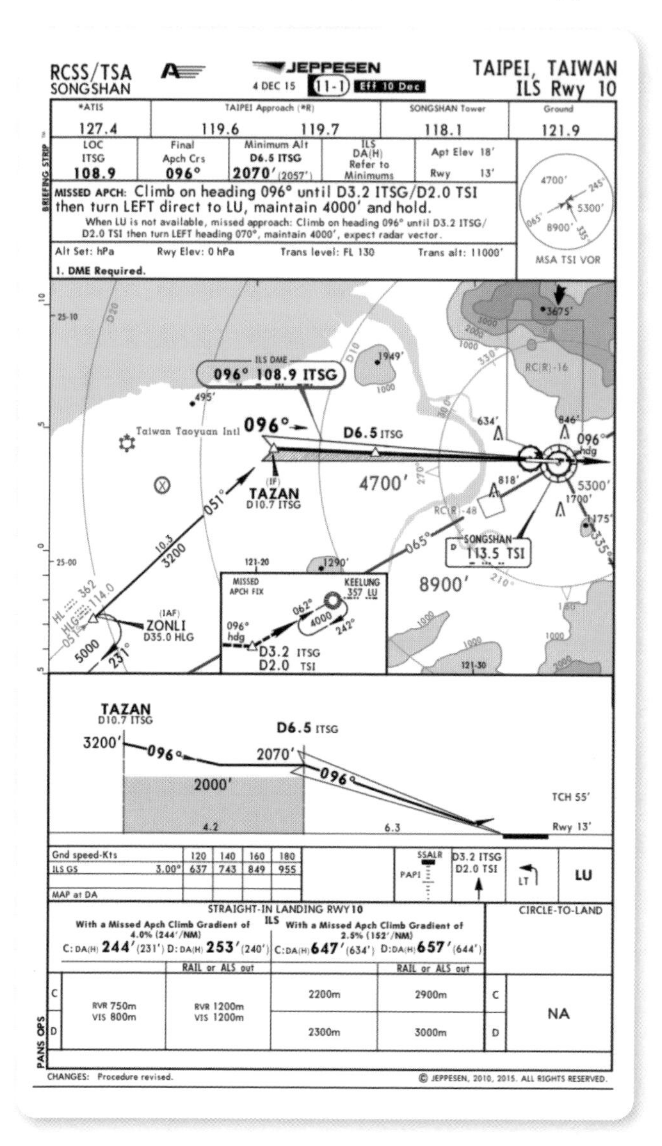

1.最上面會寫這個圖的發行以及啟用時間，確定拿到的是目前最新的版本，常常會因為附近又蓋了什麼建築物或是一些設施停用而要更新。
2.接下來的是會用到的空域塔台、地面聯絡頻道，以及要使用的飛行資訊，這個ILS 設施所對應的頻率，然後如果看不到跑道要「Go missed approach」的飛行方式。
3.圖的右邊有一個圓圈叫做MSA（minimum sector altitude），以它所指定的TSI VOR為中心畫出一個25海哩的圓圈，說明飛機在各方位、範圍的最低飛行高度，保障飛機的安全不撞到任何地障。
4.往中間看，可以看到上面是這個儀器進場的平面圖，有點像從天空往下看的感覺，提供一個水平的空間概念。它的架構從「Initial approach fix（IAF-ZONLI）」開始，提供一個航向去攔截「Final approach course」，接到「Intermediate fix（IF-TAZAN）」讓飛行員在這段把飛機的外型給放出來，接下來「Final approach fix（FAF-6.5ITSG）」，攔截「Glide slope」溜著滑梯下降到落地，如果沒有在「Missed approach fix（MAF）」前看到跑道就要Go missed approach，在這張航圖的情況是244或253 FT。此外還有附近哪裡有得地障等資訊。
5.下面的圖是這個Final approach course的垂直資訊，要保持3200英呎直到TAZAN然後加入Final，可以降到2070FT接著加入三度下滑角。
6.最下面是進場的最低要求限度，寫著要做這個的視線範圍要求（Visibility）以及最低下降高度（DA- decision altitude）。

Non-precision approach（NPA）

第二種是NPA（Non-precision approach）：裡面有 VHF Omni Directional Radio Range（VOR）, Non directional beacon（NDB）, localizer（LOC） 以及

Lateral navigation（LNAV）。只有提供一條水平航線帶飛機去要去的點，然後每段都會根據那邊的地障隔離來讓飛機下降高度，有一點像走下樓梯一階又一階的感覺。

這是以台北松山機場跑道為例的VOR RWY10 approach：

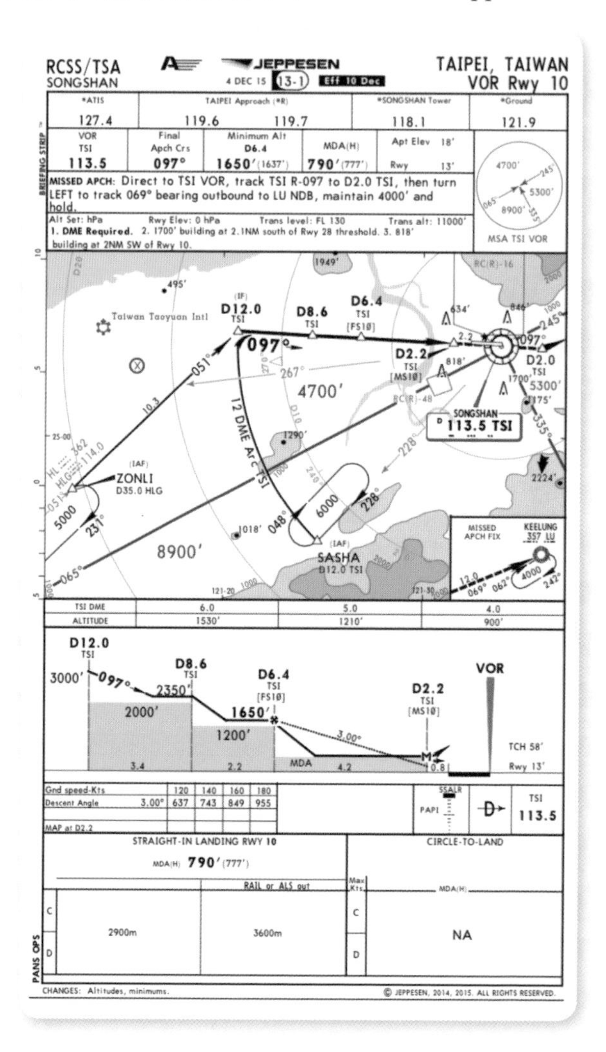

概念上跟ILS很像，只是飛行方式配合下面垂直參考圖是像走樓梯的方式，每段距離下降之後平飛，過了一定距離之後陸續下降，叫做「Step down」，維持3000英呎到D12（十二海哩），接下來可以下降到2350英呎到D8.6，再降到1650英呎到D6.4，最後保持790英呎直到D2.2，看得到跑道就目視持續下降落地，沒有的話就要Go around。

盤旋著陸考驗危機處理

在這堂課開始的幾堂，練習方式都差不多，我們在短短的兩小時一堂課，練習一個holding、一個DME Arc、一個non-precision approach with missed approach、一個approach直到落地，有的時候會加入Circle-to-land的練習。雖然每趟要做的單項科目不是很多，但是因為每一個科目都很複雜，需要一直高度集中精神思考，所以常常一下課就精疲力盡。教官常常幫我打氣，如果一趟真正的飛行，我們會做到以上這麼多東西，那就是一個Real bad day，在航空業線上飛行，我們不會在一趟飛行裡面做這麼多事搞得這麼累，更不用提我們有Auto-pilot幫我們爭取喝咖啡的時間。

儀器進場的許多種類當中，有一種落地方式叫做「盤旋著陸」，它的定義是當Final approach course跟跑道的夾角超過三十度，或者在Final的過程中需要作出平均一海哩四百英呎的下降率，根據飛機進場速度的差異，分成ABCD四種類別，而以跑道各個最外邊的點所圍成的距離所不同，決定出我們可以盤旋的範圍，因為這個盤旋著陸動作是在距離地面相對低的位置，有許多的建築物或是天然地障，所以風險比一般的ILS儀器進場高。

這個技巧簡單來說，就是利用儀器導航至距離機場很近的一個點，避開地障下降到一個安全的低空高度，然後目視跑道，盤旋至跑道延伸出來的中央線降落，說起來似乎不是很難，但是因為低空帶來的心理壓力不小，加上

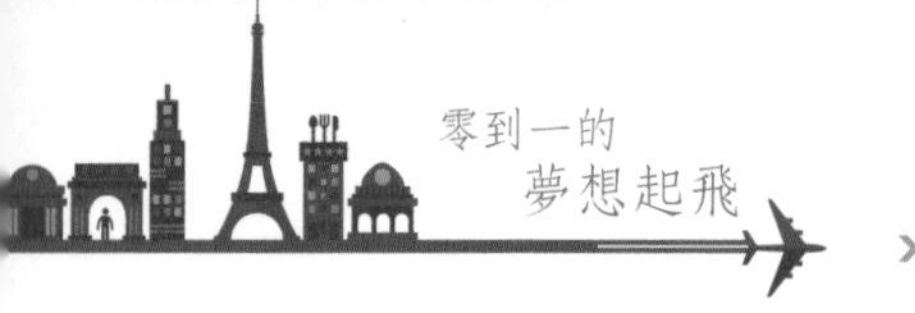

必須很小心的控制轉彎角度、下降率以及速度這三個數字，一不留神就會做錯事情，這時候自己與跑道的3D空間概念就很重要，了解自己現在在哪裡、一秒後自己在哪、每個一秒鐘串連成一個兩分鐘直到落地，不是一件很輕鬆的事情。

在台灣，我們可以在台東豐年機場看到這個落地技巧，台東豐年機場的北、西、南邊都是山，東邊是海，所以進場種類大部分都是由東邊進去再盤旋著陸在跑道上。

我記得有一次，我利用台東的「VOR A approach」一路目視跑道從海面進去到1100英呎準備盤旋，卻在轉彎點上碰到一大片雲，瞬間看不到外面任何東西，照理來說，碰到這種情況都要立刻進行重飛，因為看不到跑道，沒有儀器的輔助，無法知道自己在哪裡，如果貿然下降或是找個自己所認為的方向轉，會很危險，所以我在短短的一秒內腦海裡出現各種對應措施，想要逼迫自己的身體加速反應來處理這個突發狀況，但是薑還是老的辣，機長在進雲之前早就知道會發生這個情況，他告訴我他發現這片雲就在跑道前面，原本以為飛機會剛好避開它，但是就算進去，以這片雲的大小，我們最多也只會在裡面滯留兩秒，所以他很怡然自得的喊了聲：「I have control！」只多降低了十英呎的高度就出雲了，接著順利著陸，果然，自己還有很長一條路要走，要學的東西還有很多。

£20

儀器越野飛行

今天是美國的萬聖節，課程內容是IFR訓練裡面所規定的IFR cross country，難得一次上課不用在短短一個半小時裡面做一大堆程序，相對來講是非常輕鬆的，話雖如此，全程都要帶著Hood假想自己在雲裡面，也一定會非常疲倦。

這趟的飛行型態很類似航空業的飛行操作，因為有很長的巡航時間沒事做，跟旁邊的教官花一個多小時聊天的感覺就跟在線上飛一模一樣。記得有一次Sky west航空公司的人資跟飛行員來學校做招募，雖然我沒有綠卡也不是公民，沒有辦法報考，我還是把握這次機會，不放過一次可以讓我更靠近航空公司大門的機會，去看有沒有可以拿來參考的資訊，在結束之後，我走上前問了Sky west機長一個問題：「其實每一個飛行學生都很努力，花的時間很多，證照也都有拿到，那到底是什麼條件決定一個人會不會被錄取？」他想了想之後回答我，**關鍵在於他願不願意花十幾個小時跟你待在同一個狹小空間裡而不會瘋掉**。一開始覺得這個答案很美式，不太符合亞洲文化，但是真正在線上飛行之後，才知道他說的話真的很有道理，就算你能力再強，學習能力再快，但是如果你是一個「Hater」，航空公司一定會一眼看出來並且把你打回票。

儀器進場實際操練

跟平常練習技巧跟儀器進場的課程不同，這一次我們要做一個Instrument departure procedure（DP），加入Airway，中間到航途中的任何一個機場做Non-precision approach、go-missed，重新加入airway，到目的地做一個Standard terminal arrival（STAR），加入Instrument approach然後落地全停。整條航路約一百海哩，要考慮的東西很多，包含各個點的天氣、如果飛機在任何地方故障，我們可以在哪裡做轉降等等。

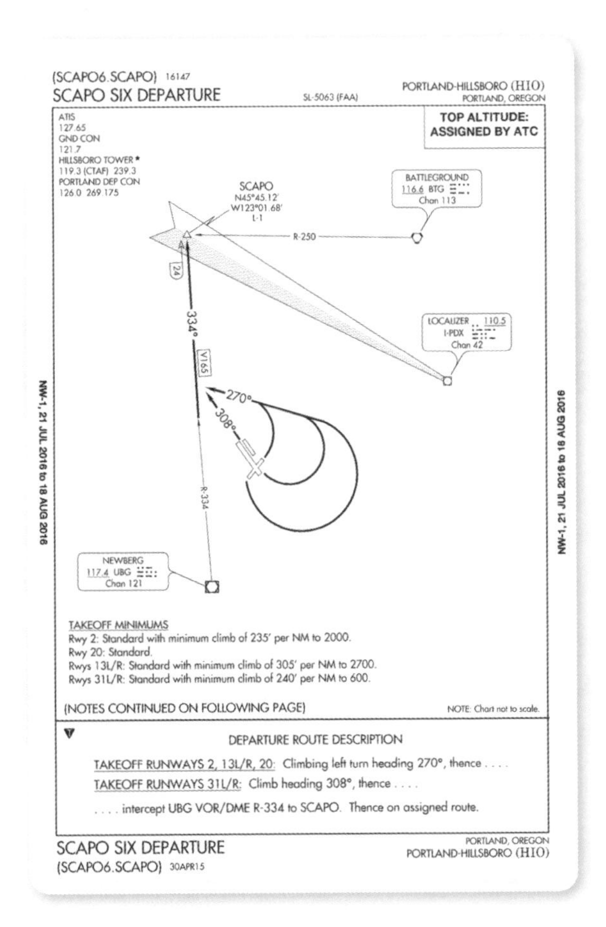

到了學校，我跟教官把今天的飛行計劃、航圖、印出來的天氣等資料拿出來討論，波特蘭附近天氣不是很好，有較低的雲幕，可是沒有關係，因為我們是飛IFR，所以可以合法安全的進入雲裡面，經過討論，我們打算往北邊飛去西雅圖旁邊的機場「Boeing field」，使用的DP是KHIO SCAPO SIX departure。

這張Departure Chart是FAA出的NACO chart，我們從跑道13R起飛之後，左轉航向270，去攔截334 Radial from Newberg（VOR）加入victor airway V165往北飛，經過第一個航點SCAPO，DP除了有很清楚地2D航圖以外，下邊還有文字詳細解釋該飛的航向路線。

再拿出我們的IFR En-route chart（儀器飛行用航圖）：

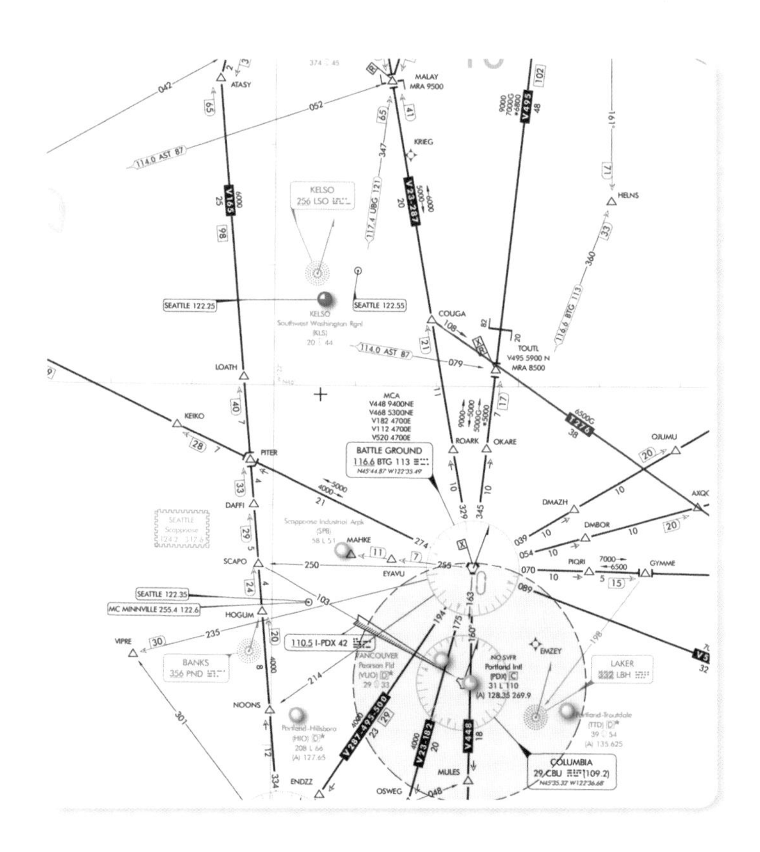

從SCAPO繼續飛在V165裡面經過DAFFI、LOATH、ATASY等航點，在航路上，每一小段距離就有一個FIX，這些FIX都是五個英文字母，可以藉由不同的VOR或是NDB等導航儀器來確認我們飛在航路的哪一個點上面，在Airway上也有標記該維持的最低高度，充滿了各式各樣的小符號以及小數字不同的顏色所代表的意義，沒錯，在這個階段的訓練中，必須把他們全部都記起來，在飛行的過程中，不可能讓我們有時間一個一個去查。每一次的上課以及IFR的考試，這都是大家最愛問的項目，看我們有沒有把航圖符號給記熟。過了ATASY之後，我們稍微右轉繼續飛。

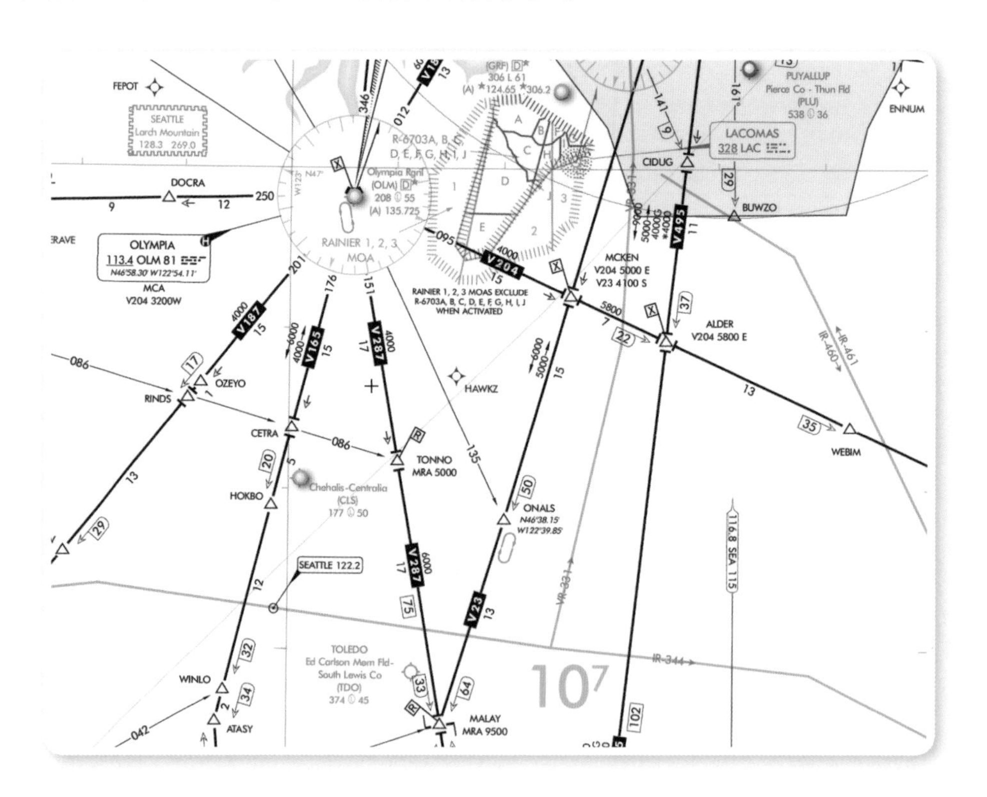

經過WINLO到HOKBO，以HOKBO為IAF跟approach要求做VOR/DME approach RWY 35。

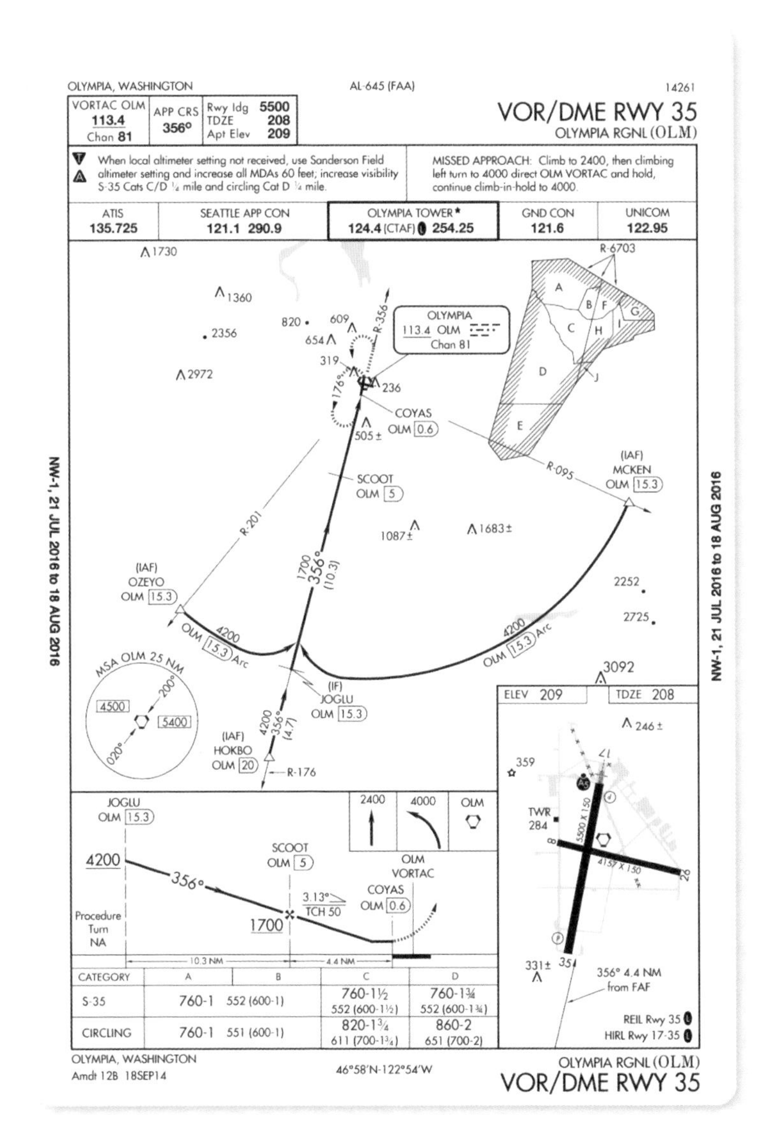

CATEGORY	A	B	C	D
S-35	760-1	552 (600-1)	760-1½ 552 (600-1½)	760-1¾ 552 (600-1¾)
CIRCLING	760-1	551 (600-1)	820-1¾ 611 (700-1¾)	860-2 651 (700-2)

過了HOKBO 之後我們可以降到4200FT飛航向356 到JOGLU（IF），之後下降到1700FT到SCOOT，最後下降到760FT到COYAS，假裝沒看到跑道Go missed approach procedure，之後繼續加入Airway-V165。

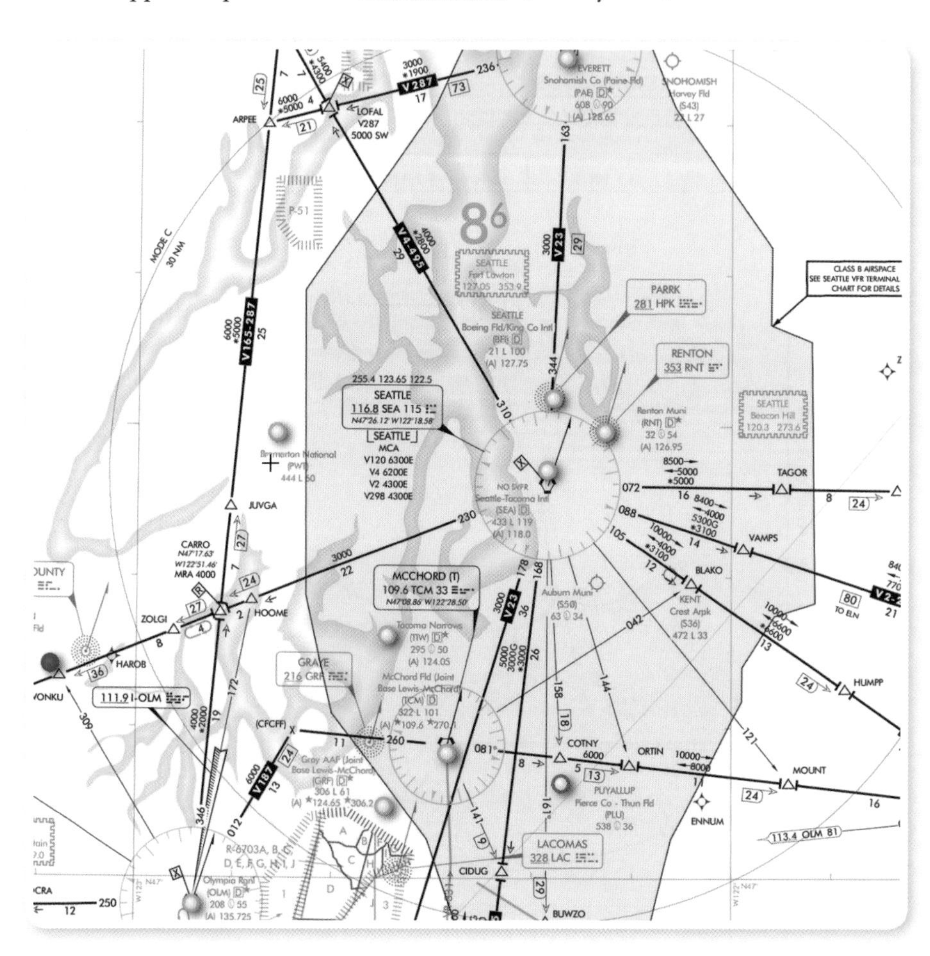

經過OLM VOR之後加入OLYMPIA ONE ARRIVAL。

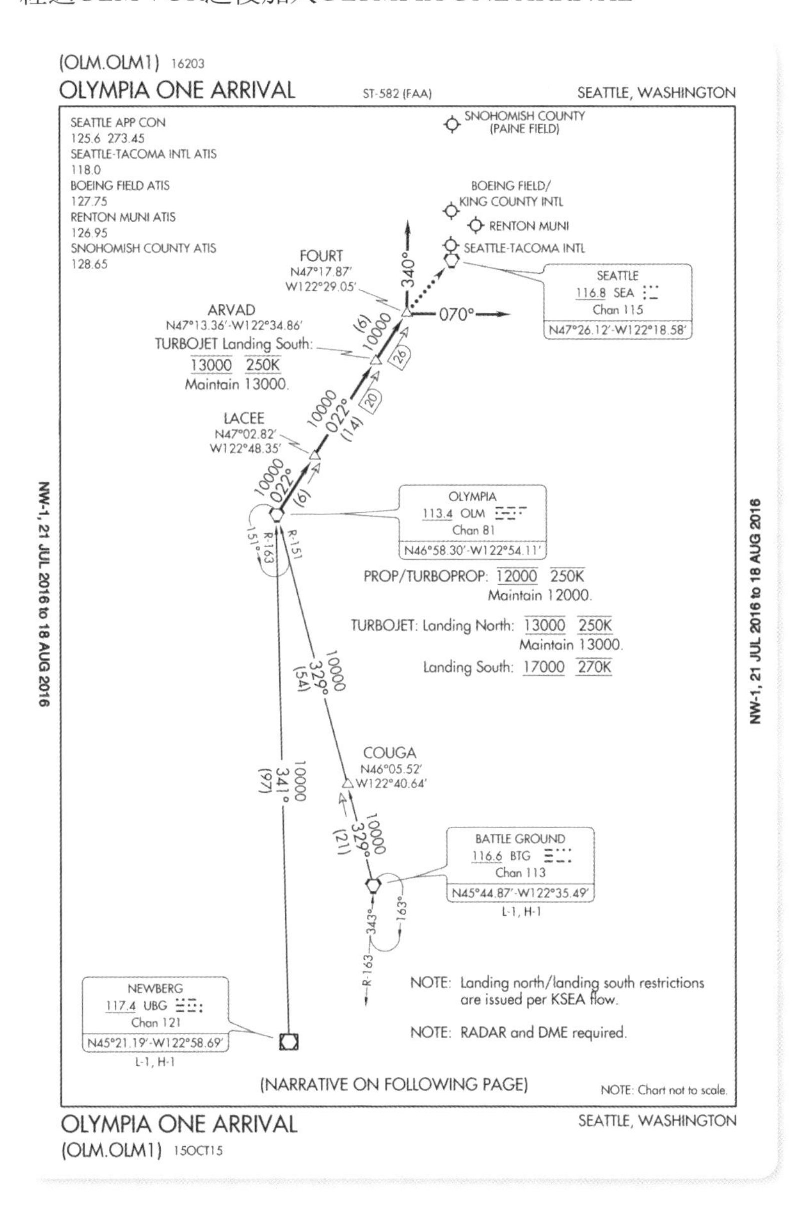

從OLM飛航向022到LACEE、ARVAD、FOURT，之後朝北飛航向034跟區域管制員要求Radar vector for ILS RWY 13R（藉由跟航空區域管制員要求航向引導來攔截進場航線）。

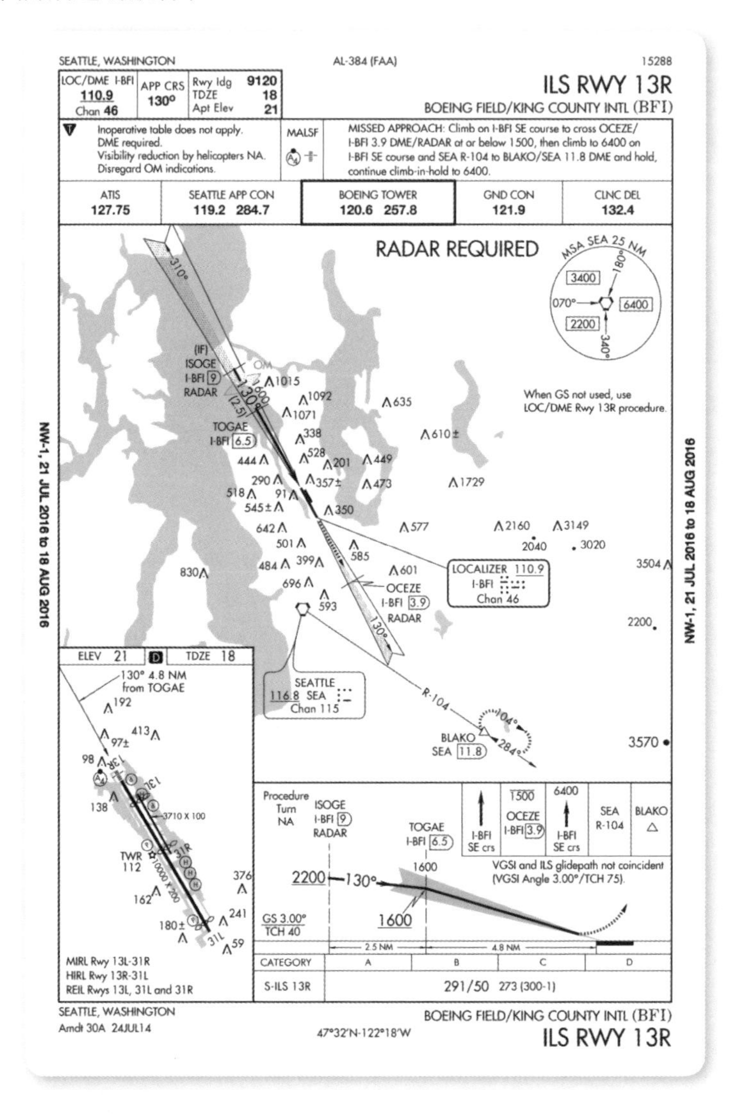

得到Radar vector（航向引導）的我們飛著區域管制員給我們的航向，先往北邊飛一點點，下降到Gilde slope攔截高度，再往東邊飛去攔截ILS13R的訊號，順著三度下滑角溜著滑梯下降落地，終於到達我們目的地！

到了機場BFI之後，我們跟休息站借了車子，想去附近的餐廳慶祝今天的越野飛行順利，以及我在美國的第一個萬聖節。殊不知今天所有店家都大門深鎖，只有Subway有開，隨便吃吃，我們就開著車子啟程回機場準備踏入歸途。

萬聖節被搗蛋？

走向飛機進行檢查，這時候我們發現到飛機外面有一個照明燈壞掉，這只是一個小燈讓遠方的人能夠更清楚看到自己，原本以為不會影響飛行，但是這卻在飛機POH的起飛規定裝備（MEL-Minimum Equipment list）裡，每一種機型的飛機都會有自己的必須項目，這是一種基本要求，說明著哪些東西壞掉沒有關係，哪些東西壞掉就不能起飛。

今天就因為一個燈的關係，飛機沒達適航狀態，現在外面氣溫五度，天色變黑，學校也通知說不可能當晚派飛機來接或是送配料來，我們只能靠自己想辦法等到太陽升起，其實這種事情在美國的飛行學校屢見不顯，這次運氣還算很好，有二十四小時的Service station 讓我們待在裡面，在溫度零下的半夜被迫待在沒有暖氣的飛機裡過夜的學生比比皆是。我相信很多飛行員都有經歷過一番挫折，才能穿著帥氣制服到達了三萬英呎高中。

過了一個小時，我無法接受自己回不了家的事實，下了一個決定，從西雅圖機場租了車子，開兩個半小時回波特蘭，隔天再回西雅圖還車，把飛機飛回學校。帶著疲憊的身軀開著車子踏上歸途，原本以為很快就可以脫離這個情況，好死不死在路上，擋風玻璃被小石子又打出一個的小洞，又是一百美金的賠償支出！一波三折，不知道是不是神奇的搗蛋力量在懲罰我們在萬聖節沒有乖乖待在家裡給小朋友糖果？Treat or Trick！

L21

第三種機型——Sky catcher Cessna 162

在美國飛行訓練課程裡，規定在進入商業飛行執照之前必須要上一個課程，叫做「Intro Commercial」，這個課程就好比在西式餐廳上主菜之前，點的一份開胃前菜，這個課程是在進入主課程前小小考一個試讓你暖暖身。課程很簡單，確認我們飛了十幾趟的越野飛行，不管是跟教官一起飛或是單飛都沒有問題。

因為我們在美國時間有限，大家都想要快快回國省點生活費，所以在各個課程中間都會時不時飛出去兜兜風，那這樣課程很快就結束了，不會有什麼太大的問題。在飛這些越野課程的時候，我跟學校要求使用本校僅有兩架的飛機，叫做Cessna 162-Sky Catcher。第一次看到這種機型，就覺得設計非常帥氣，除了跟其他老舊的飛機比起來，擁有比較年輕的機齡，也是我們學校裡面唯一的Sports aircraft，就像是路上可以見到的跑車，門不是側開型，而是上掀式，有哪個男人可以抵抗上掀式的交通工具！？

先進又浪漫的迷人飛機

好不容易通過了PPL考試，我立刻跟學校預約要求學駕駛這架飛機。深入瞭解之後，我發現它除了省油與爭取更高飛速，將飛機輕量化，更有飛機中很先進的「Glass cockpit」。在傳統儀表中，有六個圓圈儀表顯示飛行資訊，在現在的航空業裡，先進的飛機都把所有資訊整合在一個電子螢幕上，幫助飛行員加速儀表掃描，更了解目前飛機姿態，而對這種儀表的訓練，對我日後進入航空業的訓練幫助很大。

在飛行操作上，有別於其他學校的飛機是採用Yoke兩手操作的方向盤，這架飛機是一隻Stick，也就是一隻手可以掌握的桿，目前法國飛機製造公司Airbus的部分飛機也是使用一隻桿子，至於為什麼在操縱桿上也要有這麼多區別，我個人認為是法國人對於飛行員一隻手操作飛機，一隻手拿咖啡，有著無與倫比的重視程度，法國人就是這麼的浪漫啊！

導航方面也配備先進的點到點GPS導航。進到這台飛機開始，我的飛行生涯就不用再繞路，直線飛行，在航向儀上會出現一條線，只要跟著這條線飛，就可以直接到目的地，與古時候要透過地面導航儀器VOR經過好幾個不相關的地方才可以到達，比起來有很大的突破。

最重要的，它前面與左右兩側有很大的部分是塑膠玻璃，看外面視野更好，每次用這架飛機做越野飛行，都增加了更多的趣味。雖然在操作上有比較高的難度，但是這一點都比不上其帥度。每次訓練到一段落，感受到疲乏，我都會開Sky catcher載著女朋友出去兜兜風。

▲Cessna 162-sky catcher

▶有別於yoke的飛行操縱桿——Stick

L22

終生難忘的生日禮物

今天是一個很特別的日子——我女朋友的生日，在我拿到第一張執照壓力大減之後，趁著這個機會讓她來美國找我玩。

運氣很好，西岸夏天非常的美麗，我們去了非常多的地方：玫瑰庭園、動物園、波特蘭市區等，其中還有去飛行學校一年一度的飛行秀盛事。但是這些美麗的約會似乎讓我為她的慶生難度提高許多，我想了很久之後，決定要帶她去一趟越野飛行慶祝這特別的日子。

中午吃過飯，做好飛行計劃，到學校看看天氣，似乎一切都很美好，我讓女朋友坐在老朋友Cessna152裡面，我拿著拖桿把飛機拉到外面，做好一切準備，起飛航向我們的目的地——Eugene airport。這個機場雖是管制機場，可是並沒有很繁忙的交通，比起非管制機場來相對安全，雖然對我來說這個機場還是相當陌生，可是憑著第一次學長帶著我飛的記憶，讓我沒有這麼不安，再說南邊也已經去過很多次了，心裡面有把握可以把風險降到最低。

最帥氣的生日禮物

在飛行途中，我得意洋洋的讓女朋友試著操控直線飛行、轉彎等基本動作，體驗飛行的快樂與美好。看著外面的美麗景色，配上她藏不住的滿臉笑容，我覺得我是一個成功的男朋友，有多少人可以在女朋友生日的時候送給她一趟飛行？

到達Eugene airport，向飛機加油站借了車，去市區附近晃了晃，吃了浪漫下午茶之後踏上歸途。心裡盤算著在下午五點以前起飛，可以在日落之前回到我們的飛行學校。

上了飛機，做著起飛之前的準備，一切都按著計畫走，但就在這個時候，我發現無線電呼叫沒有人回應？還記得之前也有過幾次相關經驗，因為有些塔台的可聯繫時間不一樣，我們直接進行起降之後才發現發話按鈕音量調太低，這是一種很嚴重的飛行違規。可是這次不管我試幾次，都聽不到塔台的聯繫，趕緊翻開我的地區塔台聯絡手冊，打電話給他們，告訴他們我的情況，雖然我已經確實檢查過發話系統都正常，可是還是無法解決現在的問題。過了半個小時，再試一次，發現問題忽然解決了，雖然我到現在還是不知道發生什麼錯誤導致無法通話，可是對我來說能夠起飛就好。畢竟已經落後了我安排好的行程一段時間了。

升空之後，距離日落只剩三十分鐘，回到學校還需要一個小時，對於夜間飛行不是很熟悉的我來說，慢慢感受到時間的壓力；外面慢慢變黑，城市燈光慢慢亮起，我心裡的不安也隨之增加，所謂屋漏偏逢連夜雨，這架飛機裡的照明系統因為太過老舊，根本看不清楚現在儀表讀數是多少，我只好拿起手機打開手電筒讓女朋友幫忙照著看，問題好像解決了，可是手機的電源也只剩20%，應該撐不了多久。

有驚無險的約會

看看外面，我隱約發現在往學校途中的山上，有很大的低氣壓氣團，閃電出現在雲裡，書上說會帶來危險的雷雨是進去之後可以預見的，這個時候的我也不被允許做進雲的操作，所以我從東邊多花二十分鐘繞了進去，一路爬高，爬到雲高之上，才勉強到達學校上空。老實說這個時候我很緊張，畢竟不安定因素太多、風險太高了，書讀得再多，在這個時候也幫不上忙。

很明顯的，這附近整個區域都被雲所蓋住了，所以看不見任何一個城市燈光，轉降到其他的機場，也是一個可行的方案，但是因為今天有乘客壓力，我希望能夠跟她回家切我偷偷準備好的蛋糕！油量還夠，不到最後關頭，真的不想進行轉降，在學校上空盤旋十分鐘，二十分鐘過去了，我發現機場上空的雲層中有一個洞，可以看到地面燈光，我抓緊這個機會，打開只剩5%的手機燈光看著儀表，聯繫塔台：「Hillsboro tower Cessna xxxxx 4000 ft above airport , request circling down for Runway 31L.」塔台允許之後，我盤旋了好幾圈，下降高度，好不容易鑽了進去，看準跑道燈光，趕緊落了下去。沒有教官幫忙的夜間落地次數，我用一隻手也數得出來，除了小心還是只能小心！終於回到學校把飛機停好，付錢的時候，地面人員的朋友說他剛剛從監控螢幕看著我的飛行航程，其實他也很擔心，今天出去練飛的學生全都轉降到別的機場回不來，準備要在外面過夜了！

呼，這是我第一次了解到，不管對同一條路、同一件事情有多麼熟悉，永遠可能發生預期之外的事情，讓美好的事物轉變成充滿波折的冒險，飛行是這樣，也許人生也是這樣，精心策劃的美好約會，就在全身的冷汗裡結束，我只慶幸在女朋友生日這天，我們能安全的回到家。

L23

第二次空中約會

過完上次驚險的生日，這次的挑戰是帶女朋友去沒去過的海邊機場約會，位於學校西北方距離八十海哩，叫做「Astoria Regional Airport（AST）」。

到學校檢查完天氣跟飛行資料，我就牽著飛機跟女友到跑道頭準備起飛。因為是向北飛，所以我特別注意安全高度，小心地飛過北方那座小山，持續向北飛，越過幾個熟悉的城鎮，大約五十海哩之後沿著河川向西邊飛去，真正的飛過高山越過小河，朝著海邊飛去。

這次的飛行發生了一個意外的插曲，因為當天空氣實在太清晰，風景看起來格外漂亮，美景配美人，我承認我有一點沉浸在這個氛圍之中，一整路大約三十分鐘也沒有聽到管制員的呼叫來打擾我們，準備要到機場的時候才用無線電聯絡管制員，這才發現我的發話鈕卡住！代表我占用了頻道三十分鐘，這就像是在使用多方對講機，當有一個人持續發話發話發話三十分鐘，所有有對講機的人只能夠聽著那個發話哥在講話，想當然爾，管制員在我跟他聯絡的時候表現出非常不爽：「You just block my frequency for 30 minutes！」我只能夠一直道歉。

事後回到學校跟經理報告這件事情，他說管制員都會有備用的頻道，叫我不用在意，在我占用頻道的時候大家應該被迫轉換到另外一個頻道了。但是一想到在飛行的過程中，我跟女朋友的對話全部都被大家聽到就有點不爽、不舒服，幸好全程是用日文在溝通，不然真的很害羞呢！有了這次經驗，我在每次的飛行都會很小心檢查我是不是又讓按鈕卡住了。

回到我們這趟飛行，飛到海邊之後，慢慢地降低高度，降低速度，從海岸上的人們頭上飛過，很清楚的看得到大家在享受今天的太陽，海鳥們在享受大家的點心。去機場降落，停好飛機，雖然飛行途中有發生了小插曲，但是不影響我們在海邊的好心情！美國的海岸都有一股特殊的魔力，可以很清楚感受到在這邊的人很享受當下的氛圍，那是一種悠閒與慵懶結合的氣息，享受著這些快樂的情緒，帶著非常正面的心情，飛回學校，結束了今天的旅程。

L24

長途越野飛行

今天跟一位巴西好友Pedro一起租了Sky catcher要做我期待很久的飛行，為什麼很期待？因為今天要去的機場Boeing field很特別，波音的飛機在以前都是從這裡製造、組裝，才飛到世界各地，以機場分級來說是屬於等級C，有很大的飛機流動量，當流動量大的時候就會有更大的限制，例如在一定距離外做無線電溝通、永遠表現忙碌不耐煩的塔台管制員等等；它又位於西雅圖機場旁邊，一不小心出一個差錯違規闖入就會在自己的飛行生涯中留下很大的汙點。雖然不是最難的機場，對我來說這已經非常的有挑戰性了。

跟Pedro走向機場看看天氣，藍天無雲，是個非常適合出去踏青的日子，走向我的愛機，摸摸它，就這樣我們一起飛出去郊遊啦。

航途計畫第一次去北方，平常最遠只到五十海哩以外，對於這次一百海哩的長距離非常的興奮，又因為旁邊有這位身經百飛的好戰友而感到安心。途中有很多城市與山脈，我們不斷地確認如果發生引擎故障，要在哪裡迫降，最遠可以零動力滑翔到哪裡。

一個好的飛行員，就要無時無刻在為最壞的狀況做打算（Hope for the best, prepare for the worst）。坐在我右邊的Pedro是個很好的飛行員兼朋友，他不斷地教導我飛行該有的知識，也幫助我認識北方各個地標，讓我覺得收穫最大的，是對飛機操縱的了解，老實說之前跟教官飛的經驗還不足以讓我徹底了解這台飛機——Sky catcher，跟他飛讓我在每個按鈕的功能跟飛行特性上的了解都有很大的進步。

在飛行上除了書本，良師益友也是很重要的。經過一個小時，我們飛過

許多漂亮的山，但都比不上西雅圖這個大城市的美，有大大小小的島嶼散佈在各處，就像是一幅3D的風景畫，擁有非常立體的顏色。

在被管制員轟炸一番之後，我們成功落地，請當地加油站幫我們加油，用中間一個小時的空檔，向他們借了車子，到西雅圖觀光一番，雖然已經來過這裡好幾次了，但是開飛機來這裡玩又是一種不一樣享受。愉快聊著天的我們回到機場，踏上歸途，3.0飛行小時入手！

遺落在跑道頭的油箱蓋

這次的經驗真的非常好，無法忘懷，過了兩個禮拜我跟澳洲的朋友Andrew又踏上征途，要再次去挑戰這個魔王級空域，卻沒有第一次這麼好運，在落地西雅圖之後，原本開開心心的要去租車到城市晃晃，但是加油站的美國佬告訴我：「Excuse me sir, I could not find your fuel cap.」嗯，好像有東西找不到……什麼！我的油箱蓋不見了！起飛的時候檢查明明還在啊，這是不是代表我在飛行一個多小時，油箱都處於隨時會外漏的危險中？如果油灑光了，那我不就會引擎熄火！這真的非常嚴重，市區觀光的興致一掃而空，趕緊打電話給學校報告自首這件事，然後到旁邊的飛行員商店花一千多塊台幣買了一個蓋子補上去，帶著沉重的心情飛回學校。

雖然事後沒有受到處分或是留下不好的紀錄，但是就這一次這一個事件，讓我瞭解到仔細檢查是多麼的重要，事後回想，可能是在機外檢查過後，又要求加油，但二度加油之後我們沒有再次檢查，造成這個疏忽。

雖然有些時候可以在自己犯的錯誤中學習、成長，但是**良好的飛行員得去預測可能會發生的錯誤，再做預防**，從此之後，我養成精確檢查的良好習慣，然而並不是所有事情都可以讓我有犯錯的空間，我感謝這那個事後發現遺落在跑道頭的油箱蓋，讓我成為了一個更注意細節的飛行員。

▲Seattle-Tacoma International Airport為中心的 Class B airspace，是機場空域等級最高的機場之一，機場流量龐大，搭配旁邊大小機場，讓這張Sectional chart看起來其亂無比，也就是我認為的魔王級空域，一不小心一個違規就會惹上麻煩。

▲來自巴西的良師益友好兄弟：Pedro

▶往北邊會經過的一個小島Friday Harbor照片與Sectional chart對照，可以很清楚看到機場北邊城鎮在圖中是一塊黃色的區域。這是一個西雅圖北方的度假小島，很適合租飛機飛過去度假。

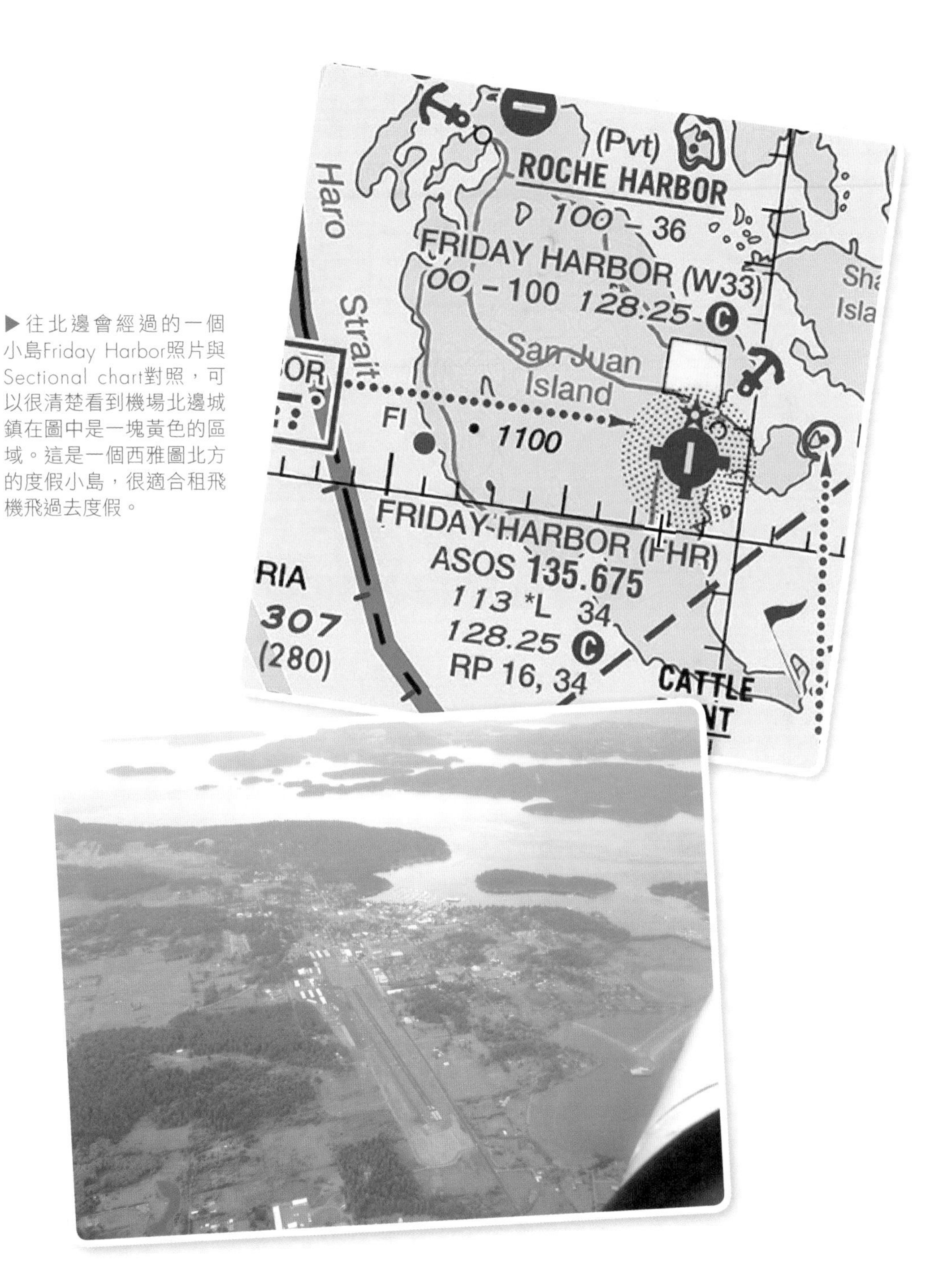

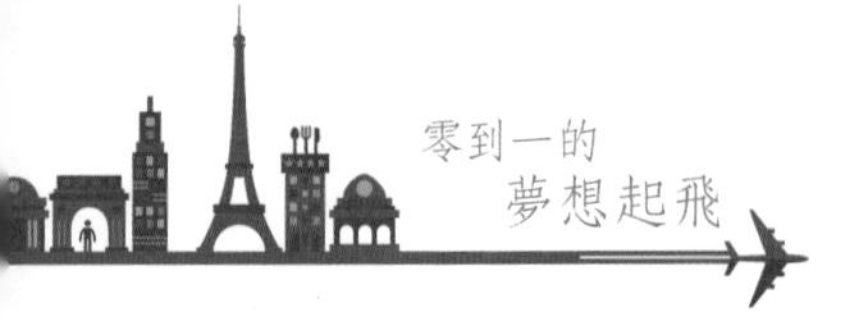

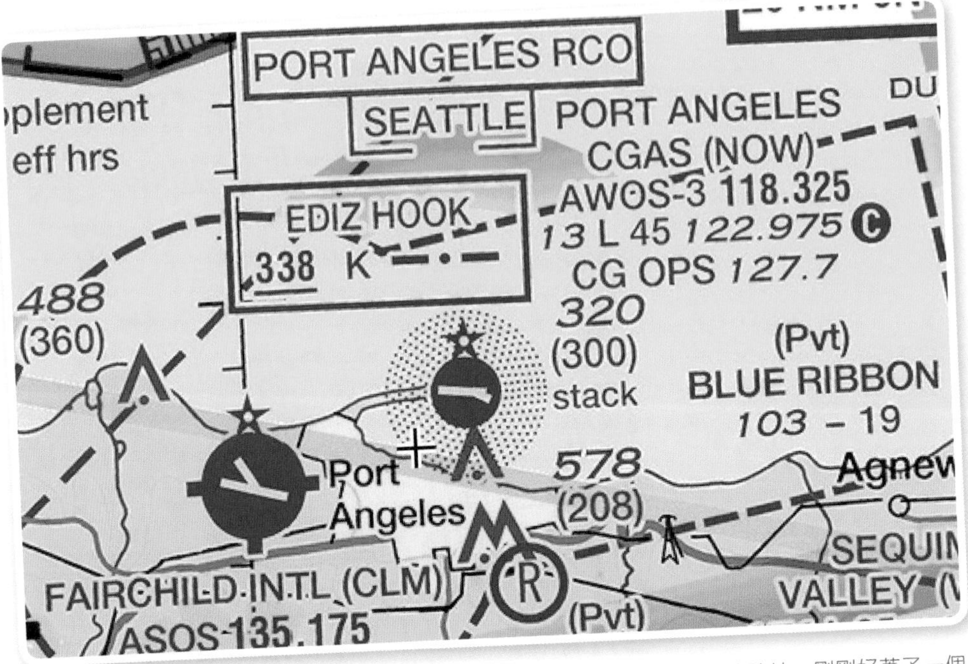

▲在Friday haobor的旁邊有一個機場Port angeles，從城鎮延伸出來的一小塊陸地，剛剛好蓋了一個狹長型的小型跑道，因為地形實在特殊，我跟Pedro開始下降想要做一個Touch and go，低高度時被航空管制員呼叫提醒這是一個軍用機場，我們不可以靠近才作罷趕快離開，差點違規落地，萬一驚動了戰機出來警戒，後果不堪設想。

£25

階段試驗

累積了足夠的越野飛行時數，帶著我最愛的sky catcher，走到學校找到一個跟我熟識的考官，喬一喬雙方時間，我們就飛上天空，要把這個考試趕快結束掉。雖然也是階段測驗，但是我們滿熟了，他並不打算為難我，我們有說有笑的走進了簡報室，今天天氣不是很好、雲幕很低，就考試來說不是很好的一天，但是我很想快點把前菜吃完進主菜，進入下個階段雙發引擎的課程，所以我們還是決定朝著天空出發！

因為雲幕相當低，我們平常大概至少都會飛在三千英呎左右，今天一千五百英呎就開始平飛，朝著南邊機場前進，在平飛的過程中，我發現這個高度離地面真的很近，什麼東西都看起來大大的，有一種回到小時候，什麼東西都要抬頭看的感覺；也因為跟平常看東西的角度不一樣，在地點地標的確認上有一點困擾，幸好我的愛機上配備有GPS，去哪裡都很簡單。

在空中簡單的做迷航處理，我們找了一個小機場，準備做落地的測驗，殊不知就在落地前三十秒左右，突然有一隻老鷹筆直朝我們飛來，鳥擊是航空業時不時會發生的事情，機率大概比在鬧區街頭路上撞到人低一點，只是撞到人說聲sorry就沒事了，如果鳥被捲進引擎裡面就很麻煩，最嚴重的就是引擎故障，我們要做緊急迫降，就算沒有故障，大飛機的渦輪引擎葉片一片動輒上百萬台幣，很常看到的是破個一兩片，一隻鳥就可以造成大筆金額損失。

在公司裡面聽資深機長說過他曾經在起飛過程中，可能鳥還沒睡醒，半睡半醒之中直接撞到駕駛艙前方玻璃，整個鳥屍就黏在玻璃上，想想看一整趟行程，飛行員都要跟那隻鳥大眼瞪死眼會造成心理多大創傷！

就在我心裡還在罵髒話的時候，考官喊了一聲：「I have control！」立刻做了一個重飛，飛離了這隻想不開的老鷹。就這樣回到學校，這道前菜很輕鬆的吃完了。

▲在每一次飛行的空中可以很清楚看到這美麗的風景，低空中看到的景物特別清楚

第二個大魔王：Instrument rating check ride

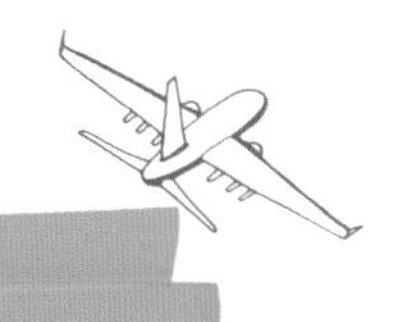

2012年底倒數第三天，面對我學飛過程最重要的第二個考試，能不能開心跟女朋友跨年就看這一次了。

在美國這三個考試中，這個考試我覺得最難，因為它不僅需要很好的技巧，也要有很清晰的頭腦，不是僅靠努力就可以通過的。常常看到有同學在空中飛Holding的時候轉錯彎，用錯待命進入方式，或是做儀器進場的時候被風吹歪、修正量不夠腦袋打鐵，而被打上不及格，五秒鐘的打鐵就讓你從天空掉到美金地獄，再付一次四百塊美金！做足了準備，剩下的只能交給女朋友做的晴天娃娃了。

好不容易跟學校要求在今年內準備考官給我，我抱著緊張的心情，走向學校，進入簡報室，不斷告訴自己，要做出最好的表現，三次考試如果沒有一次通過，我沒自信說服航空公司我有多麼優秀。

在簡報室中，我看到今天的FAA考官，是一個中年美國男子，白白的頭髮看起來大方卻不失嚴肅。老樣子，我抱持著今天不是來考試，而是來告訴你我有多會飛的心態跟他自我介紹。

開始了今天的考試，簡單談談我該會的東西，還有考試的必考項目，拿出我們今天的飛行計劃與會用到的所有航圖，他問我今天要從Hillsboro機場飛去我們的目的地，所需考慮的各個因素，理所當然所有的航點該飛的航線我都考慮到了，從航路天氣到該路段的風向、風速所產生的油耗所影響到的飛機性能。就在我覺得自己無懈可擊根本在開演唱會的時候，他指著一個點忽然大叫，說我們現在在這個地方飛，並且沒辦法跟區域管理員建立聯絡，也就是隨機地點的lost communication，試問單兵該如何處置？我被他突如其來的聲吼給嚇傻了，腦袋一陣空白，差點在這個地方栽下去，陷入再付一次四百塊的窘境！幸好，大概愣了五秒之後，抱著就算回答不出正確答案也要講個做法的心態，答出了一個勉強及格的答案。好險！差點要度過最貴的五秒鐘。

結束了口試，我們走到飛機旁邊做外部檢查，準備起飛做這次的飛行考試，運氣很好，在這個幾乎每天都有低空雲的12月裡，碰到了三個月來難能可貴的藍天無雲天氣。如果是真正的IMC（Instrument meteorological conditions）天氣會讓考試的難度提高很多，雖然説我們考試是儀器飛行，基本上是不看外面，但是在雲裡進進出出，不僅會有很大機會碰到亂流影響飛行操作，也必須要真正遞交儀器飛行申請，如果我一個地方飛錯或轉錯彎可能要讓考官負很大的責任，造成他們神經緊張，把壓力加諸到我們身上。

像今天這種天氣，不僅是考官自己假裝區域管制員，不會有真正管制員講太快聽不懂的情況，還可以在做進場的時候時不時偷偷瞄一下外面的情況，讓飛機更容易對準跑道。

基本上考試的內容就跟我們平常的練習一樣，只是在飛行尾聲的時候，他叫我從五千呎下降到維持三千呎的高度，正當我下降到四千五百呎的時候，他又使出的地面上的老招，大吼一聲，問我幹嘛要下降！你知道我叫你維持五千呎嗎！聽到他忽然又怒吼，我當然是傻眼一會兒，但是我這次非常冷靜，只跟他説：「Confirm you want me to maintain 5000 FT.」他回答我：「affirmative.」之後我就迅速爬回他要的高度。

這件事我們之後就沒有再提了，我想，不管是他忘記有叫我下降過，或是真的想嚇我，我能夠冷靜的迅速處理這件事情應該很讓他滿意。把剩下的科目做完回到學校，他很開心告訴我説表現得非常好，高於及格標準很多，在地面還有空中他故意嚇我，是想要考驗我的抗壓力，故意製造讓我緊張的情況，觀察我如何處理這個情況；他說他用了這個技巧很久了，常常可以看到考生忽然打鐵，什麼話都講不出來，而且他還會在地面口試的時候，特別找一些沒有標準答案要考生想出身為飛行員該去自我判斷的問題，告知說這一題如果你沒有回答讓我滿意，我就不會讓你通過考試。我覺得雖然他有一點壞心，可是這確實是做一個飛行員很重要的條件，我很感謝他讓我通過考試，也感激他幫我上這一課，不可以忘記去鍛鍊對抗壓力的能力。

總而言之，我拿到了第二階段的門票！終於可以輕輕鬆鬆的跨個好年了！

Ground Lesson 10 Flight instrument systems

因為執照的規定，我們必須瞭解傳統儀表裡面的構造和運作，就像前面所描述的，飛機裡配備六個儀表外加一個磁羅盤，分別告訴我們不同的資訊，雖然構造大同小異，但就因為了解這些小異讓我們成為一個稱職的飛行員。

速度與高度表是運用大氣的壓力配合裡面的伸縮閥來運轉，姿態及航向儀則是運用陀螺轉動的概念，來讓儀表顯示指針一直保持水平，進而指出我們目前姿態。目前為止就已經講出它的核心概念了，但是、但是、但是、想成為一個優秀飛行員，似乎真的要先成為一個專業的畫家，我們要把內部構造畫出來，包括有幾個齒輪，裡面有幾個轉軸等，幸好我畫畫一向都很醜，所以老實講考官在給我一個讚的時候，我不知道他到底有沒有看懂！

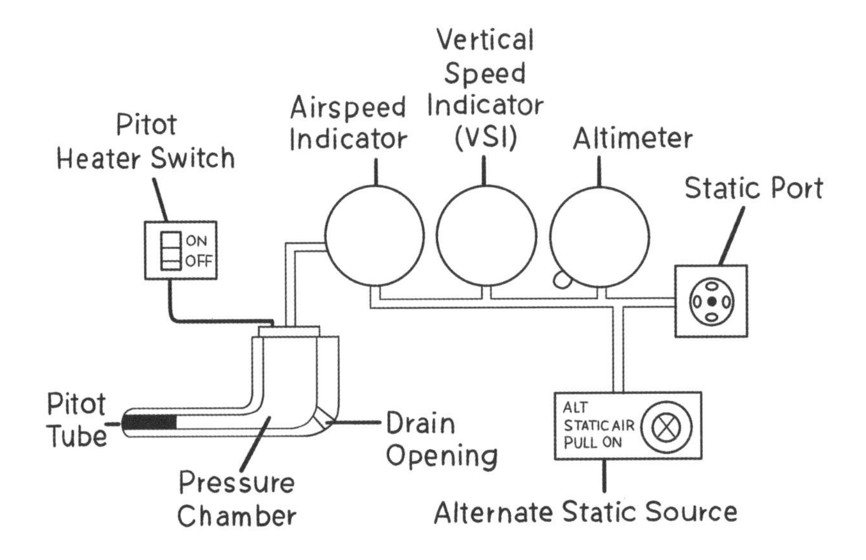

了解儀表的運轉方式後，就要開始了解儀表出錯的方式，因為什麼東西堵塞導致它會出現什麼樣子的顯示，是我們的必考題：在航空歷史上就有發生過，系統堵塞儀表顯示錯誤，可是飛行員沒有發現，做出了錯誤的應變措施，導致飛機失速墜毀。這些事情一再告訴我們，從前人之中的錯誤去學習，熟讀系統，才能讓這些災難不再重演！

Ground Lesson 11 Airports, airspace and sources of flight information

在儀器飛行的訓練中，對機場各種號誌與燈的認識相當重要。在一片濃霧與一層又一層的雲幕之中，滑行、起飛、降落，我們都要倚賴它們來辨別我們的位置。

在每一種儀器進場中，都會有一個高度與視野限制，想像我們從三萬多呎高空中，順著三度下滑角下降，一步一步往下降，最後在兩百英呎左右的決定高度，我們發現期待中的跑道並沒有出現，一陣雲霧籠罩在整個機場，我們立即進行重飛，加足馬力，仰起機頭，往上爬升，決定下一個動作，是再試一次，或者轉降到別的機場，又或者是先喝杯咖啡再說？

跑道燈的發明，讓我們能夠在雲霧之中增加找到跑道的機率，常常就是那幾顆決定性的燈泡，讓我們從桃園，轉落在高雄，要被高鐵消耗掉我們回家的時間。

Ground Lesson 12 Air Traffic Control services

塔台管制員對於儀器飛行的重要性：在儀器飛行之中，我們會一直跟塔台或區域管制員保持聯繫，因為身處在雲幕裡，除了駕駛艙以外幾乎得不到外界的資訊，他們會因應我們得要求，告訴我們可以飛的航路與高度速度，來讓我們安全的抵達目的地。

我不得不說，管制員是一份壓力很大的工作，坐在雷達螢幕面前，一次管理好多架飛機，除了告訴飛行員該飛去哪裡以外，又要隨時注意飛機的安全區隔，避免危機產生；時不時會出現的飛行員，聽錯指令、飛錯高度、轉錯方向、帶給管制員麻煩，都是會遇到的事情；有些國家的廣播頻道，雖然英文是標準語言，但是口音很重，真的也是會讓飛行員暈頭轉向。

Ground Lesson 13 ATC clearances and procedures

在飛IFR的時候，我們所有的飛行航路都要經過申請，起飛之前會用電話或是網路，跟相關管制單位提出我們得要求，然後在起飛之前再跟地面控制員申請提出的「Clearance」。

剛開始飛的時候會覺得他們講得很快，有聽沒有懂，可是多練習幾次他們固定的格式，很快就習慣了，我們用一個縮寫「CFAFT」來幫助記憶順序：

Clearance limit：允許我們到要去的機場

Route of flight：途中使用什麼航線

Altitude：使用的飛行高度

Departure frequency：離場之後要聯絡的航管波道

Transponder：這趟飛行所被賦予的四碼編號，航管可以在他的雷達螢幕上看到我們的飛機以及這四碼編號以確認我們的位置。

以台北松山飛到金門尚義機場為例：Clear to 金門 airport , via MK2Q departure, W6 ,maintain 5000FT, squawk 4531.

Ground Lesson 14 Departure charts and procedures

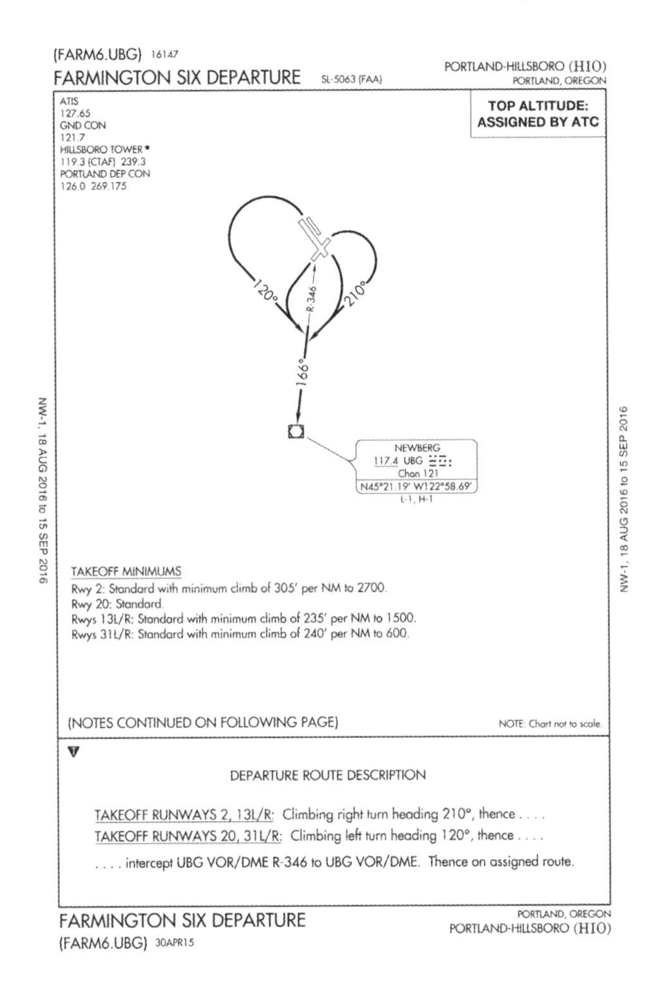

在IFR的飛行規範裡，起飛要遵循一定的起飛程序（Departure procedure），依照需求飛的方向不同，大部分機場都有好幾個Departure procedure。

上面這張圖是我學飛的機場Hillsboro 機場的Farmington six departure（NACO chart）。中間最上面寫著這張圖的編號，左上角有我們會用到的通訊頻道，中間有這個DP的2D飛行路線，不管從哪個方向的跑道起飛，我們都會飛到NEWBERG VOR；圖的下面寫著能夠起飛的最低標準，然後最下面用文字表達從各個跑道起飛要轉的航向。就算沒有飛過我們機場，這個航圖也頗負盛名，因為它兩個不同方向跑道起飛所描繪而成的航線像是一顆愛心，所以在情人節的時候，很多飛行員會拿這張圖來哄女孩子。

Ground Lesson 15 En-route charts and procedures

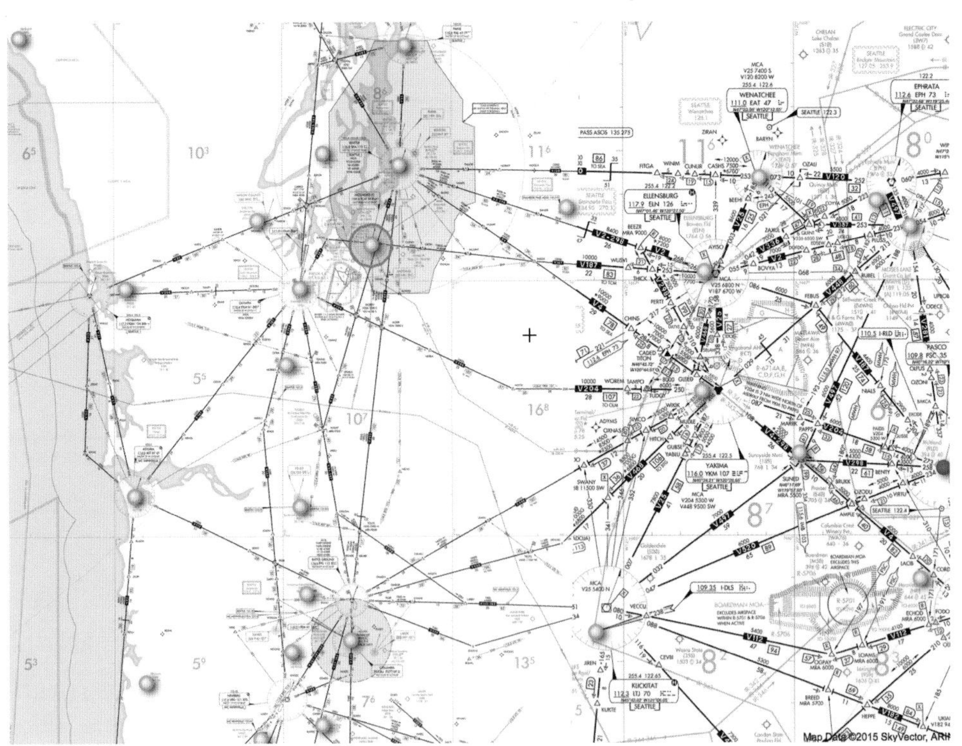

按照美國各個區域不同作為劃分，每一個區域都有自己的IFR En-route chart，提供每條航線最低須維持的高度距離等資訊，空中充滿這種密密麻麻的航路，跟地面上的高速公路密集度比起來有過之而無不及。上飛機之前我們都要確定自己的航圖是最新的，才不會因為新的地障影響到安全，或是航路的任何資訊改變造成任何的違規影響到飛行生涯。

Ground Lesson 16 Holding procedures

什麼是Holding？就是在天空繞圈圈待命排隊一段時間，相信很多人在長期的桃園機場跑道施工已經受了不少苦，明明已經到了桃園機場旁，卻在空中繞來繞去遲遲不落地，原因有很多種，可能是因為跑道施工，太多飛機要起飛降落，造成大家一起在桃園機場上空玩繞圈圈；也有可能是因為現在機場天氣很差，低於落地標準，需要在旁邊消磨一段時間等天氣轉好。最近聽說到的一件事情是在松山機場跑道上有狗跑進去，必須要有人開車去抓狗，等抓到了才可以落地，畢竟落下去時若衝出來一隻狗撞到會造成危險。

在航路上有許多的點，我們叫它Waypoint或Fix，有很多點上面會有「published holding pattern」，也就是圖上會告訴你這個圈圈有多大，左轉或右轉，才可以避開旁邊的地障。一個holding pattern有它的inbound leg跟outbound leg，因為我們進去一個pattern會先去銜接到inbound leg，所以根據不同的方向進來分成三種進入方式，分別是Tear drop、parallel還有direct。

不管是在美國學飛還是在台灣考航空公司，大家最愛問的就是畫出一個Holding pattern，告訴你現在位於哪裡，請問要使用哪種進入方式；在美國飛小飛機，一邊操控飛機、一邊去思考自己該飛哪個航向去進入，還要保持高度跟姿態，現在想想老實講真的滿難的。在大型民航機裡面，一切都自動導航，只要在飛行電腦敲敲打打，飛機就會自動幫你搞定一切，以前喝口水都是困難，現在我喝咖啡！

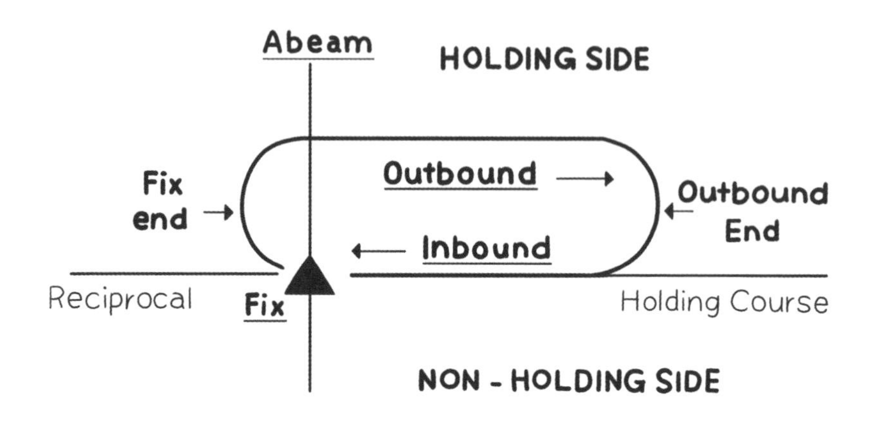

STANDARD HOLDING PATTERN

Ground Lesson 17 Arrival charts and procedures

Arrival Procedure：連結En-route（巡航）與Approach（進場落地）。

巡航時，我們會用比較高的高度，根據天氣以及風向、風速來決定我們要飛多高，在Arrival的時候，我們要準備下降（vertical navigation planning）、減速，才不會超過飛機的最大速限。可是在每一個空層，風速都不一樣，所以在這個階段，飛行員要不斷的思考，做出下降的計畫，要在這個Arrival route的哪裡開始下降，用多少的下降率，如果風向改變，因為尾風太強速度降不下來，我們是不是需要放出外型來幫助飛機減速，才可以最快最省油的飛到我們要去的地方。

最後接到Approach procedure的IAF（initial approach fix），進行進場、放外型、落地。有些時候，我們會犯一種錯誤，飛在我們常常飛的Arrival上，對自己的下降計畫太熟、太有自信，以致太慢開始下高度，保持太快的速度，又沒有放外型減速，最後在下降的過程中碰到一陣亂流，影響到我們的空速，不小心超過公司標準，不僅影響到客人的舒適程度，又要到公司喝咖啡（教育再訓練）。

Ground Lesson 18 Approach charts

偉大的Approach chart：有一個很聰明厲害的人，把機場的進場圖全部做出來，分別用2D、3D還有文字，告訴我們該怎麼飛，才可以在惡劣的環境下順利降落在跑道上。所有的Approach chart都是經過附近地障的分析，才設計出來的，一個Approach分成四個階段：

Initial approach segment：這是一個進場的起始點，從這個點飛著圖上的航線，帶飛行員攔截到Final approach course，也就是一條連接到跑道頭的下滑道。

Intermediate Approach Segment：這個部分主要是讓飛機減速，並且放出飛行員需要的外型來準備這個落地。

final approach segment：過了這個部分，基本上我們就在找跑道準備落地。

最後一個部分是保命鎖，當雲幕太低或是落地姿態不穩定，無法保障一個安全的落地，飛行員就會進行**重飛**，也就是在Missed approach point的時候往外飛一個設計好的路線，再到一個點作待命，決定接下來要再試一次進場或是轉降到別的機場。

每一個步驟都要考慮到接下來三個步驟，除了在對空間的認識上要有很強的概念，也就是situation awareness，同時也要處理駕駛艙裡面飛機所有該做的程序，常常會讓人忙得焦頭爛額，忙到打鐵，搞不清楚自己在哪裡，導致在Final approach point的時候過低卻沒意識，增加了撞到地障的風險。還有最常見到的，就是在進行Missed approach時候轉錯邊，飛往有地障的地方，都非常的危險，這個專有名詞叫做CFIT（controlled flight into terrain），意思是對飛機都有很正確的控制，但是因為在雲或是在晚上看不到外面的情況下，因為過忙失去situation awareness，失去自己位置的認知，直接朝著山或建築物飛去，造成失事。

Ground Lesson 19 Controlled Flight Into Terrain（CFIT）

Controlled flight into terrain：指的是對飛機的掌握都在自己的控制內，沒有出現任何的問題。可是因為對目前的位置狀況失去了解，所以飛去撞山或是任何的地障，特別容易出現在晚上看不到外面以及飛行員疲倦的時候。記得不管在任何的情況，永遠要清楚自己該飛的航向以及高度。

在台灣的航空公司也出現過一個重飛原本應該左轉，卻因為要做的事情太多，沒有按照航圖指示飛，反而往右轉的事情發生，雖然飛行員很快就發現自己的錯誤趕快做出修正，但是拔階開除還是少不了，而這些紀錄將會跟著飛行生涯一輩子。而在JET噴射引擎飛機的飛行歷史裡面，依照波音的紀錄至今CFIT總共帶走了九千多條寶貴的生命。

Ground Lesson 20 ILS approaches

ILS-Instrument landing system：是現在最常用到最精準、最可靠的落地儀器，它從跑道頭開始提供了一條三度角直線航路，精準的訊號讓飛行員知道是不是在正確的航線上，然後是高還是低。

在高空三千英呎上、雲層之中，飛行員經由Arrival程序或是雷達引導去攔截這條ILS的線，順著航路持續下降直到看到跑道頭，這就是ILS設計出來的概念。

受訓的時候，因為小飛機不像現在民航機有Auto-pilot，所以所有的程序跟動作都要靠大腦跟手腳的協調操控，困難的地方在於碰到強側風的時候，我們要計算出要帶著多少的側風夾角去飛這個ILS，有的時候因為是強大陣風，持續不斷的修正跟著Yoke的連動，在飛機被風吹歪掉之前做出反應是大家都會講的話，一直動來動去的手，讓我們常常覺得自己像是在炒飯，話雖如此，飯炒久了也會出師的！

Ground Lesson 21 RNAV approaches

隨著時代的演進，現在大部分的飛行導航儀器都被更加方便的衛星信號所取代，因為它的訊號傳遞不會被地面起起伏伏的地障給阻擋，所以更加的可靠，不管是起飛、巡航或者是降落，都可以看到GPS帶給飛行相當大的便利性。三顆衛星可以帶來2D平面的位置資訊，四顆衛星可以提供3D的位置跟高度資訊，五顆衛星的話，多一顆衛星可以負責偵測衛星有沒有出錯，六顆衛星可以偵錯並且用多出的那顆來取代錯誤的，所以在執行上面有很大的安全空間。在操作上，因為衛星的出現，提供點到點的導航取代了「古時候」必須依靠地面導航儀器繞來繞去才可抵達目的地的不便。

Ground Lesson 22 Meteorology and turbulence

天氣及亂流對飛行造成的影響：在我自己的飛行經驗裡，天氣跟陣風常常帶來許多無法預期的情況。有一次我從學校起飛，在加拿大與美國邊境處的一個機場「Bellingham airport」碰到了一個大飛機的機尾擾流。事情是這樣子，基本上我們在飛行學校幾乎不會看到大型民航機做起降，所以對這種事情也比較沒有經驗，到了Bellingham機場附近準備降落的時候，看到一架大客機要做起飛，記得在書上讀過，大客機離地的那個地方跟時候開始，翅膀與地面之間會產生氣壓差，形成一股螺旋形亂流，但是它離地的地方，跟我要落地的跑道頭，有一段距離，所以我並沒有特別在意，殊不知在落地之前，我感覺到一陣強烈的頭風吹過來，才想起來前機的螺旋亂流是會被頭風給吹過來的，那陣風把落地前的我吹得亂七八糟，飛機有一種不受控制的感覺，尤其單邊翅膀被打起來，飛機出現要往旁邊旋轉姿態的時候，嚇了我一大跳！

離地面這麼近的地方，飛機的姿態改變是很危險的，幸好飛機沒有真的翻過去，翅膀也沒有打到地板，雖然比較醜、比較重，還是落在地上了，不對，根本是砸在地面上。在這個故事以外，我們也常常碰到，一起飛後地面溼度達到飽和，忽然所有地方都被雲覆蓋的窘境；而在氣溫過高的時候，表面熱氣往上發展，讓飛行過程非常顛簸。

了解各個常碰到的天氣因素，以及這些天氣會帶來所有的展開，都是飛行員必備的技能；我常常希望，能夠活在每天都藍天無雲、空氣乾淨，而不是霧濛濛的世界裡，可以更單純的享受每趟飛行的愉悅。

Ground Lesson 23 Printed reports and forecasts

在每趟飛行之前，都要確認當天的天氣，降低飛行的風險，我們會上美國的AWC（aviation weather center）網站尋找任何可以參考的天氣資料，要考慮的天氣因素有很多，大氣壓力變化造成的天氣轉變，會影響到風向、風速、濕氣、降雨、還有氣壓穩定度等等，會造成什麼樣子雲？說是雲，可是看看天空那一團一團白白的雲可是因為成因還有形狀高度各有不同的稱呼。

鋒面來襲，容易產生CB雲（Cumulonimbus cloud），是我們絕對不能飛進去的地方，忽然轉變風向風速的風切有可能會讓飛機失速或是造成機體傷害，暴風雷雨更不用說。

濕滑跑道對落地滾行距離會有很大的影響，叫做「Hydroplaning」。因為附近的山或是地障所造成的亂流，小則客人不舒服，大則影響安全。在飛行歷史上也有因為在低高度，落地之前碰到亂流風切而出事情的紀錄。

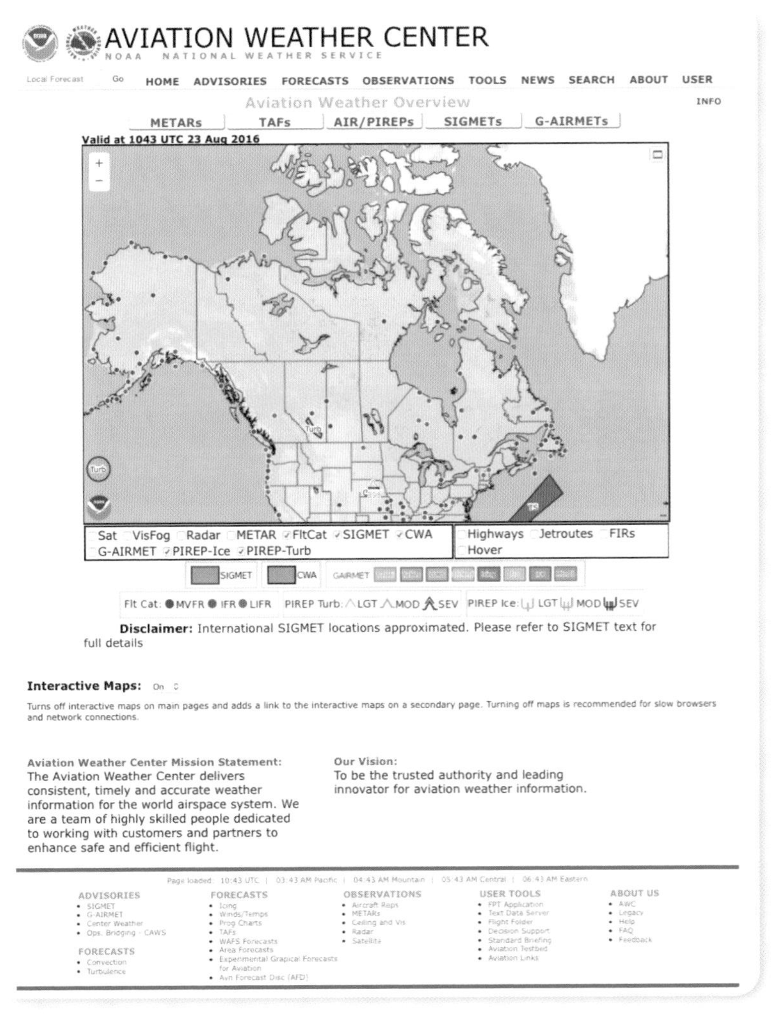

▲Weather reports from AWC

另外雖然台灣不太會看到，但是在歐美或是其他國家很多地方會出現的火山灰高空瀰漫，造成機體刮痕，進到引擎裡面結塊使引擎失效。高緯度國家則常常會出現的結冰現象，飛行是不允許在機體結冰的情況下起飛的，結冰會影響到飛機產生的升力，工作人員會在機體上噴上除冰劑，在規定時間以內必須起飛，如果超過這個時間，飛機又會開始結冰，那又要再重新除冰、噴上防冰劑。

在我們的飛行學校，年底十月開始氣溫降低，凌晨溫度常常降到零下，所以如果是在早上飛行，都要提早去學校做飛機的除冰，用專用的刷子把冰給刷掉，再噴上藥劑，確保它不會再次結冰，等到太陽出來溫度升高之後看天氣變化如何，才可以進行飛行訓練。

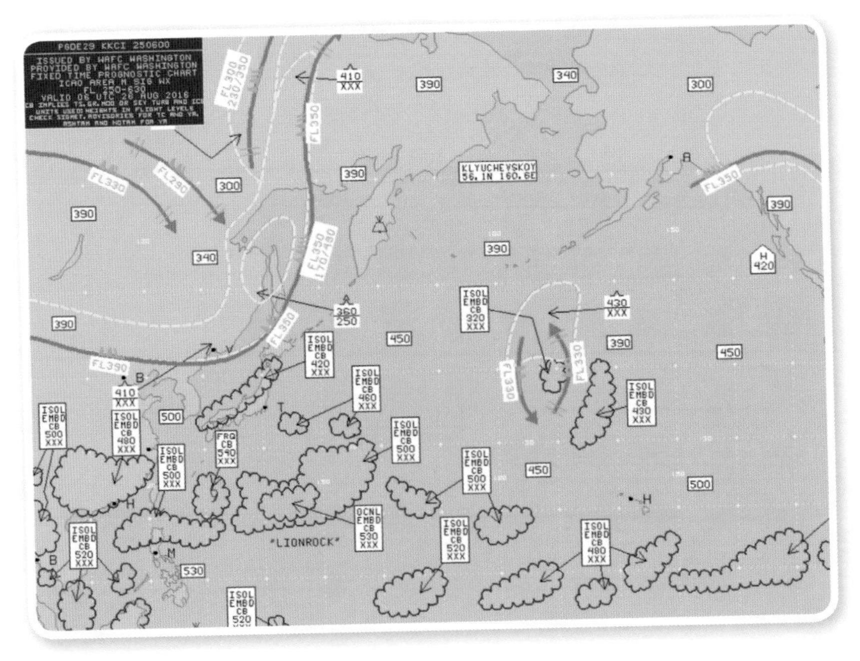

▲Surface analysis chart

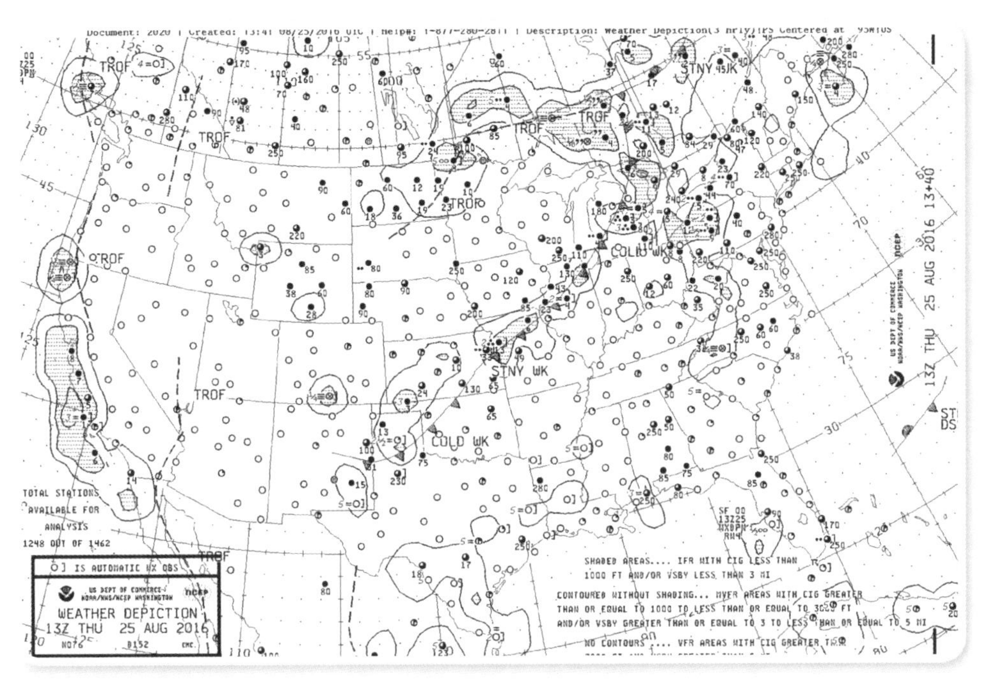

▲Weather depiction chart

有很多次因為除完冰之後溫度還是過低，同時碰到下雨、雲霧等水氣，還是得放棄當天的課；我後來學乖了，放棄預約早上的第一班課程，等大家早上除完冰上完課，我再預約接著上中午的課程。

除了了解以上天氣的解讀，還要藉由過去加上目前的天氣，推測出接下來會碰到的天氣情況，在這個飛行網站上可以看到非常多的資料，有文字敘述型的，有圖表解析型的，也可以透過打電話給飛行天氣服務台請專業人員做完整的天氣簡報，以之前提過的METAR&TAF為主，要考慮到的大範圍地點以及時間影響到的變化非常的多。

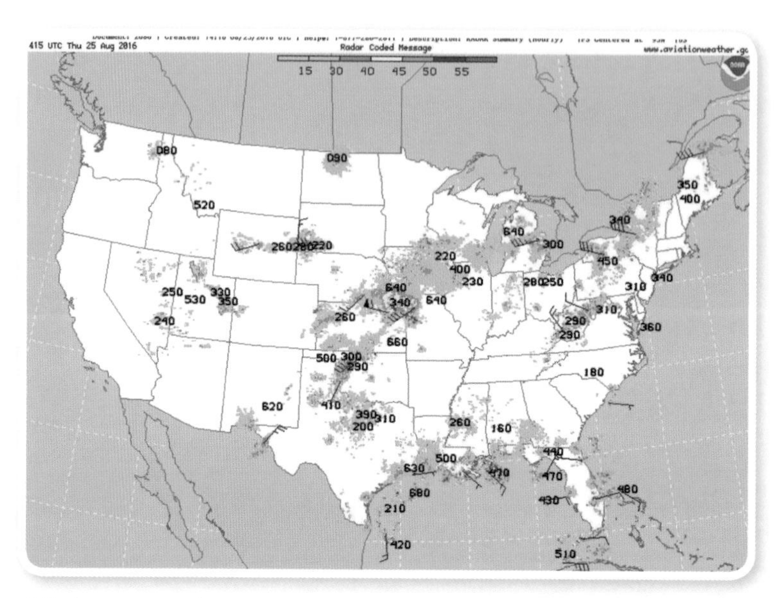

▲Radar summary chart

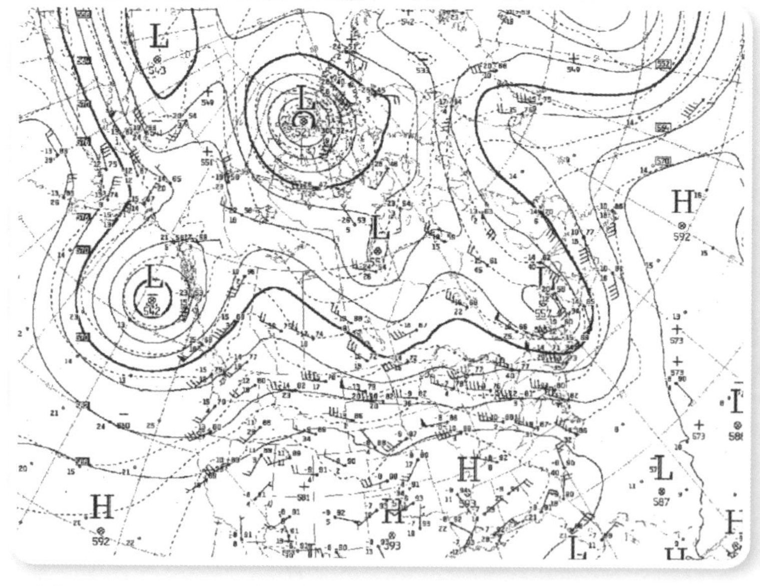

▲Constant pressure analysis chart

Level: Low High 14Z-21Z Pacific Coast (San Francisco) Print

(Extracted from FBUS31 KWNO 251402)
FD1US1
DATA BASED ON 251200Z
VALID 251800Z FOR USE 1400-2100Z. TEMPS NEG ABV 24000

FT	3000	6000	9000	12000	18000	24000	30000	34000	39000
BIH		9900	9900+14	1505+06	2911-10	3029-22	295237	297545	298154
BLH	2015	2016+22	1918+13	1820+05	2715-07	2930-19	315835	316445	316653
FAT	9900	3209+20	3312+12	9900+05	3112-09	3031-20	296235	296945	297654
FOT	1005	0907+19	0706+12	0108+07	0414-08	0416-21	031139	351148	303055
ONT	9900	2311+20	2212+12	2012+05	2916-07	3037-18	305334	305945	306153
RBL	9900	9900+18	9900+12	9900+05	0113-09	0217-22	341539	312348	294655
SAC	9900	2208+20	2312+12	2506+06	3312-09	3123-21	294537	296545	296854
SAN	2105	2308+20	2015+12	1822+05	2817-06	3033-17	304834	305444	304953
SBA	9900	3107+19	9900+12	9900+05	3019-06	2934-17	294834	295345	295853
SFO	9900	2313+20	2212+12	9900+06	3113-08	3028-20	295236	286246	286854
SIY		1115+18	9900+10	3406+05	0220-09	0124-22	352239	352449	332957
WJF		2612+20	2610+13	2410+05	2918-07	3040-18	295535	295945	306554
AST	0511	0310+15	0513+07	0417+03	0122-10	0124-22	022939	033049	033559
IMB			0509+06	0410+01	0122-11	0134-23	013740	014150	013858
LKV			0809+07	0309+03	0223-09	0131-23	363140	363250	342857
OTH	0820	0719+15	0616+10	0319+07	0122-09	3623-22	362739	363049	353058
PDX	0606	0409+14	0414+07	0419+02	0221-10	0125-22	023239	023249	023659
RDM		0615+13	0715+06	0516+02	0224-10	0125-22	362640	012850	012959
GEG		0706+13	0408+05	0511-02	3622-12	3635-24	365541	366252	365857
SEA	0210	0218+15	0217+07	0216+01	0125-10	3627-22	363739	014349	015159
YKM	9900	0307+13	0215+06	0221+00	0127-10	3632-23	364140	364650	015258

▲Observed winds and temperature aloft chart

```
000
FAUS46 KKCI 251045
FA6W
SFOC FA 251045
SYNOPSIS AND VFR CLDS/WX
SYNOPSIS VALID UNTIL 260500
CLDS/WX VALID UNTIL 252300...OTLK VALID 252300-260500
WA OR CA AND CSTL WTRS
.
SEE AIRMET SIERRA FOR IFR CONDS AND MTN OBSCN.
TS IMPLY SEV OR GTR TURB SEV ICE LLWS AND IFR CONDS.
NON MSL HGTS DENOTED BY AGL OR CIG.
.
SYNOPSIS...ALF...LGT NLY FLOW WL CONT OVR THE PAC NW. MOD NWLY
FLOW ACRS CNTRL-SRN CA THRU SRN NV-WRN AZ WL SLOLY SHFT SEWD AND
WKN.
SFC...RDG HI PRES EXTDS FM THE WA CSTL WTRS THRU NRN ID THRU MT
AND WY. LTL CHG EXP. INVERTED TROF WL CONT FM SERN CA TO SWRN OR.
SHALLOW MARINE LYR WL CONT ALG THE CA CST.
.
WA CASCDS WWD
SKC OR SCT CI. OTLK...VFR.
.
WA E OF CASCDS
SKC OR SCT CI. OTLK...VFR.
.
OR CASCDS WWD
CSTL SXNS
NRN CSTLN...SKC. OTLK...VFR.
SRN CSTLN...SKC. TIL 17Z OCNL SCT010/VIS 3-5SM BR. OTLK...VFR.
INLAND...SKC. OTLK...VFR.
WILLAMETTE VLY-SWRN INTR...SKC. OTLK...VFR.
CASCDS...SKC. OTLK...VFR.
.
OR E OF CASCDS
SKC. OTLK...VFR.
.
NRN CA...STS-SAC-TVL LN NWD
CSTL SXNS...
CSTLN...OVC010 TOPS 015. OCNL VIS 3SM BR. BECMG 1821 BKN-SCT010.
OTLK...IFR CIG BR.
INLAND...SKC. OTLK...VFR.
SAC VLY...SKC. OTLK...VFR.
SHASTA-SISKIYOUS-NERN CA-NRN SIERNEV...SKC. OTLK...VFR.
.
CNTRL CA
CSTL SXNS...
CSTLN...OVC010 TOPS 015. OCNL VIS 3-5SM BR. BECMG 1821 SKC.
OTLK...VFR..03Z IFR CIG.
INLAND...BKN010 TOPS 015. OCNL VIS 3-5SM BR. 17Z SKC. OTLK...VFR.
SAN JOAQUIN VLY...SKC. OTLK...VFR.
SRN SIERNEV...SKC. OTLK...VFR.
.
SRN CA..VBG-NID-60NNW BIH LN SWD
CSTL SXNS...
CSTLN N OF LAX...SKC. OTLK...VFR.
CSTLN LAX SWD...BKN010 TOPS 015. 17Z SKC. OTLK...VFR.
INLAND...SKC. OTLK...VFR.
INTR MTNS-MOJAVE-SRN DESERTS...SKC. OTLK...VFR.
.
CSTL WTRS
WA/OR...SKC. OTLK...VFR.
CA...
NRN-CNTRL...OVC010 TOPS 015. OCNL VIS 3-5SM BR. 21Z BKN010.
OTLK...IFR CIG.
SRN...
OFSHR...BKN-OVC010 TOPS 015. OCNL VIS 3-5SM BR. 20Z BKN010.
OTLK...IFR CIG.
NEARSHR N OF LAX...SKC. OTLK...VFR.
NEARSHR LAX SWD...BKN010 TOPS 015. 18Z SKC. OTLK...VFR.
....
```

◀Area forecast

細讀各種天氣資料，所謂台下十年功台上一分鐘，飛行也是一樣，起飛之前要做的準備非常的多，唯有掌握了各種資訊才能夠將飛行風險降到最低，不馬虎地執行一次又一次的安全快樂飛行。

Ground Lesson 24 IFR emergencies

在飛行生涯中，難免會聽到一些緊急情形（Emergency）的發生，每種不同類型的飛行，會碰到的情況也不一樣，在這個IFR階段，著重在下列這幾項：

1.Minimum fuel

2.Gyro instrument fail

3.Communication fail

4.Emergency approach procedure

因為是假想在雲裡面，看不到外界的情況，所以在定義緊急情形跟第一階段學的PPL的部分截然不同，油快要耗盡、陀螺儀失常、無法確認飛機目前的姿態、通訊設備失常、沒辦法跟管制員聯絡如何做出一個緊急情況下的進場，就是我們很重要的課題，而這些課題，都是有過前人的經驗從而學到的教訓。

Ground Lesson 25 IFR Decision making and flight planning

在飛行歷史中出現過很多次慘痛的教訓，分析出了一些顯而易見的飛行員個性，而這些個性會導致危險因素增加，舉例來說四個最常見的：

Anti authority：飛機裡面最高權力指揮是機長，雖然駕駛艙裡應該有飛行員合作的正確CRM，但是最後做決定的還是機長。飛行員飛久了就會產生一個錯覺，同一條路飛熟了就以為自己什麼都會，當另外一方提出了跟自己想法不同的意見，心裡面會出現一個聲音：不要告訴我怎麼做！我很熟了！因為過度自我，反而會影響到駕駛艙裡面的合作關係。

Impulsivity：在訓練的過程中，常常會出現一種情況，也許它是深植在我們人體的DNA裡面，遇到任何錯誤會想要很快地除去。在模擬機訓練，如果引擎失效，我們知道該怎麼做，知道該遵照哪條Check list，教官都會告訴我們不要急，一條一條有理的做，但是在真實的情況，不僅只是在處理錯誤，這投射到了很多正常的程序，急急急，是很常出現的態度，事後又有一種特別的訓練——VVM（Verbalize verify monitor），我們一直告訴自己眼睛必須要先看，再確認自己是做正確的事情，接著檢查做了有沒有錯，是一種基礎的習慣養成。

Invulnerability：「這種事情不會發生在我身上！」當我搶快黃燈過馬路的時候，我覺得旁邊來車不會也有人搶快，結果就發生的車禍慘劇，就算不是在飛行，這種事情跟觀察事情的態度也常常出現。

Macho：飛行員是一個充滿挑戰的職業，我們闖過重重難關，才坐得上那個位置，飛著幾十頓重的飛機在天空翱翔，所以常常可以看到有人不斷挑戰自己的極限，也把情況推到一個高風險的地方。飛行就是要永遠抓著保守值。

Resignation：對應他的話語「There is nothing I can do.」，針對任何困難的情況就算風險看似很高，心裡的惡魔可能在告訴自己放棄掙扎，但我們還是應該堅守著SOP到最後一刻，培養專業的知識之後也得培養堅強的內心！

PART 3

COMMERCIAL PILOT

FAA Requirements to Obtain a Commercial Pilot Certificate

1.Be able to read, write, and converse fluently in English

2.Be at least 18 years of age

3.Hold at least a current third-class FAA medical certificate. Later, if your flying requires a commercial pilot certificate, you must hold a second-class medical certificate.

4.Hold an instrument rating. A commercial pilot is presumed to have an instrument rating. If not, his/her commercial pilot certificate will be endorsed with a prohibition against carrying passengers for hire on day VFR flights beyond 50 NM or at night.

5.Receive and log ground training from an authorized instructor or complete a home-study course

6.Pass a knowledge test with a score of 70% or better. The instrument rating knowledge test consists of 100 multiple-choice questions selected from the airplane-related questions in the FAA's commercial pilot test bank.

7.Accumulate appropriate flight experience and instruction (see FAR 61.129). A total of 250 hours of flight time is required.

8.Successfully complete a practical（flight） test given as a final exam by an FAA inspector or designated pilot examiner and conducted as specified in the FAA's Commercial Pilot Practical Test Standards.

Commercial Pilot Privileges and Limitations

As a commercial pilot, you may act as pilot in command of an aircraft that is carrying passengers or property for compensation or hire and may be paid to act as pilot in command.

L26

第四種機型——雙引擎飛機 PA44

第四種機型——老飛機「Seminole」，型號是PA44，這台飛機是被廣為運用的螺旋槳雙發動機，耐操又便宜。說到耐操，我們學校有五台Seminole，每一台都擁有十五、二十年歷史，舊到不行，學校雖然有不斷保養維修，但是內外部一看烤漆剝落、座椅破爛、海綿外露，一副中古車的樣子，讓進入這個階段的我有點卻步，只求趕快飛完整個訓練。

訓練中常常因為飛機出現的小問題，譬如油溫過高、動力控制器不夠精準而返航，我也因此從學校得到了一個多小時的免費補償時數。由於雙發的訓練費用最高，所以也看過台灣人合資在美國買一台二手機租給某個學校，在訓練之餘，還可以賺取租借的費用，雖然我沒有深入去研究，但是這也許是個很好的方法。

飛機舊歸舊，不安的情緒雖然一直都在，我還是抱著期待的心情進入了這台飛機。飛行員總是會為飛機裡各式各樣的按鈕感到興奮，尤其是跟單引擎時比起來，一排一排的按鈕到處都是，我就像是回到小時候，兩隻手東摸摸、西試試，對所有事物充滿了好奇心。這台飛機一個小時要價一萬多台幣，真的很貴，如何在台灣航空公司要求的三十個小時內精通它，歐，不是，是只要能夠通過考試就好，是這個訓練要面對的難關，因為每多飛一個小時，銀行存款就會急劇下降，畢竟三十個小時，真的是很短的時間。

與飛機的午餐約會

第一次走進這台飛機，是剛到美國的時候，一位很有情義的大陸飛行學生，除了給了我一堆二手書籍，也讓我坐在後面觀摩，在熟悉這台飛機的同時，還要兼顧飛航程序，讓我只覺得這是台會讓旁邊教官唸個不停的飛機。說時遲那時快，馬上就輪到我開始訓練，一開始發生了跟教官節奏不合，訓練不愉快的事情，但是我很快的換到了一個很有實力，也很安靜的教官，他是個有趣的人，平常話真的很少，長得很像復仇者聯盟的洛基，頂著個帥氣的臉龐，可是只有在上完課請他抽菸的時候才會開口笑。

對在美國當飛行教官的人來說，越野飛行的課程是最有魅力的，比起日常瑣碎的一個小時課程，一趟四個小時的越野飛行，他們可以累積飛時更快，賺得也比較多。我常常推薦自己的教官給其他學生，讓他多賺點雙引擎越野飛行課程的時數，學生開心，我的教官也滿意，這樣他對我的訓練也就更用心。大家常說，每一個學飛的人，時間到了都會飛，可是如何去營造整個團隊的氛圍，讓整個工作環境是開心的，也是非常重要的課題。

在進入正式訓練之前，我花了一個禮拜的時間在飛機裡熟悉整個內部構造，每天一起床，就是帶著便當開車去學校，坐在飛機裡面吃，邊看著飛機裡面的按鈕邊吃飯，別有一番風味。

Seminole的操作面板有很多的按鈕，比起Cessna152-172裡面更讓人眼花撩亂，每個按鈕上面都有其對應的名字，在飛行過程中，不可能慢慢來，等找到才去按它，一定得聽到名字，就可以伸手摸到它，藉由腦海裡記住的「Flow」，搭配著Check list不斷的練習，才算是進入準備去學它的門檻。

雖然在地面上記清楚了但是到飛機上要運用得出來，又是另外一回事，光是熟悉這台飛機的長相，我都焦頭爛額了，更別提要在三十小時內完成這個所費不貲的訓練，這個階段不用懷疑，絕對會是我在美國最大的挑戰。

◀▼同樣是雙引擎的飛機 Diamond DA42

L27

模擬機力量大

今天跟我的教官Jason開始了雙發的第一堂課，基於省錢與安全的角度，我們第一堂課使用的不是真飛機而是模擬機，雖然在性能以及飛機動作反應上的擬真度不是很高，但是確實在操作面板以及各個按鈕的熟悉上給了我很大的幫助。

真飛機加上油錢一個小時搭配教官美金370元，而模擬機則只要150 元，少掉的真飛機時數如果用 Cessna 162 來補起來，一個小時只要100元，一個小時的PA44（370USD）－模擬機（150USD）+ Cessna162（100USD）=120 USD，相當於每個小時飛時省下120美金也就是將近四千塊台幣！在學飛生涯裡面錙銖必較的日子裡，四千塊是好大一筆錢！更不用說超出三十個小時的雙引擎時數如果累積到了五個小時來到三十五，就是兩萬塊台幣的超支。

進到模擬機裡，我們開始做模擬真飛機的pre-flight check以及Run-up，因為這個部分的熟悉度決定在地面上所要花費的時間，也就是美金。上課之前，我已經坐在真飛機裡面，做過無數次的冥想練習，這次真的按按看這些按鈕，看看模擬機帶來什麼反應，雖然不是百分之百徹底熟悉了，但是這對我接下來的真機訓練真的有很大的幫助。

除了環境的熟悉，我們也做了起飛落地的練習，基礎的飛行動作科目，高空失速、高角度轉彎等等，每換一次飛機就是這樣，嘗試各種不同的姿態，看看手上所施加的壓力可以帶來什麼樣的回饋，

不得不說，多了一顆引擎、油門等等的手桿也各多一隻，落落長的Check list，操作起來非常的不習慣，在真飛機訓練開始前，我必須要趕快適應，不能被這個階段給打敗。

L28

第一次駕駛雙引擎真飛機

每次走進這架雙引擎的飛機PA44，都會因為按鈕的數目讓我眼花繚亂，原來在飛行這個世界裡，有一個法則——重量越重者按鈕越多。沒辦法，想繼續在這裡混下去，只好一個一個背起來。坐在位子上左看右看，一個按鈕一個按鈕摸索功能，嘗試跟它們做好朋友吧！

教官走進飛機之後，我們準備起飛，因為按鈕數目多，要測試的東西也變多了，像以前一樣，要求滑行到Run up Area，做飛機的系統測試，在單引擎的階段，每次測試不會超過十分鐘，但是對還不熟悉這架新飛機的我來說，每次都要花二十分鐘以上，每堂課都花快半個小時在地面上，不誇張，還沒起飛就要丟五六千塊台幣到水裡！我只希望自己能夠趕快熟悉這台飛機。

每換一架飛機就像被扒一層皮

終於準備好之後，我們滑向跑道準備起飛，頭兩堂課主要是著重在飛機的操作，之前在個人飛行執照中所使用的各種飛行動作技巧，包括低速飛行、有無動力的失速、高角度轉彎，每一個動作都是跟以前不一樣的程序。我先把該開的燈打開、引擎輔助加油幫浦打開，避免因為飛機的橫向作動早成供油不正常而導致熄火、做360度的空中檢查、看看附近有沒有其他的飛機產生危險性，接下來才可以真正練習技巧動作。

對飛機的不熟悉感，讓我感覺這些基本動作就像是新朋友一樣，是那麼的陌生，那麼的刺激，做得不好是理所當然的，其中一開始最讓我無所適從的就是動力桿，從一直以來的一隻變成兩隻，從頭到尾都沒辦法準確的把持在課程規定正負兩百呎的高度控制裡，以及左右航向各十度以內，非常的困難啊！飛機一股腦兒的飛在頭腦前面，歐，我還在忙著找Check list上的按鈕的時候，就已經準備要下降回機場了。

對一台新飛機的適應總是痛苦，所以大家常說，每換一台飛機就像被扒了一層皮，不僅如此，腦細胞都不知道死掉多少了。離開這些陌生的程序，到學校準備落地，因為PA44的進場速度比之前的Cessna快了一些，身體跟手還沒有習慣那個感覺，抓不到平飄的感覺，落地的手感遲遲抓不到，旁邊的教官都看不下去，時不時出手幫我做飛機控制微調，給他添了不少麻煩。

L29

單引擎失效

按照課表上的安排，似乎是要我們在第一堂的飛行課就熟悉PA44的性能，可是這根本就是不可能的任務，我帶著滿是困惑的腦袋又要上飛機飛這個機型的第二堂課。

第一堂課著重在飛機的操縱熟悉度，所以做了一些以前學過的基礎動作，接下來，我們要面對以前沒有做過的飛行動作，主要著重在單引擎的失效操作（One engine inop）：

1.Engine out during takeoff before Vmc

2.Engine out after lift-off

3.Engine out during cruise

4.Identify the inop Engine

5. Use of controls to counteract yaw and roll

6. Approach and landing with one engine inop

引擎失效在飛行中的各個階段都可能會發生，每一次都是一個很大的風險，沒有做好其中一個程序可能都會造成無可挽回的事故，所以當單引擎失效發生的時候，飛行員一定要執行一步一步的標準程序，確認又確認，才可以把事故風險降到最低。

第一點在起飛的時候，起飛滑行的過程中單引擎失效，飛機因為兩邊推力不均等，會往失效的引擎偏移，我們要立刻踩著兩邊的煞車，讓飛機煞停在跑道上面；越重的飛機，會需要越長的煞停距離，所以我們在起飛之前會確認今天的重量，來看需要多長的跑道，以免在煞車的過程中，衝出跑道。

第二點的起飛與在落地前引擎失效，可以說是這幾點裡面最緊急的情況，因為離地面很近，一個不小心可能就會撞到附近的地障；雖然在飛機設計的時候，有規定就算單引擎失效，飛機的性能也必須保證維持一定的爬升率。

確認壞引擎三步驟

飛行員在這種情況下，要踩著正常引擎那側的「Rudder」，基本上要踩到底，這會是我們的正常反應，看到機頭忽然偏向左邊偏，會下意識地讓飛機頭趕快返正，除了踩「Rudder」以外，也要打一點「yoke」，去中和隨之而來的飛機螺旋翻轉傾向，這時會用一個口訣來幫助確認那顆失效的引擎：「dead foot dead engine」，沒有踩著的那顆引擎就是死掉的那顆！這也是壞引擎三步驟的第一步「**Identify**」，第二步驟「**verify**」，把油門前後推動一下，來看飛機有沒有得到推力的改變，如果沒有，就代表它確實是壞掉的那顆，最後是「**Feather**」，也就是順槳，螺旋槳在飛機空中移動中，如果停止不動會帶來很大的阻力，就像是把手垂直放在移動的車子外，可以感覺到手被風吹得想要往後面甩，把手改平之後，風順著手臂吹著，就感覺不到這麼大的力量，就是這個意思。

說著說著，我真的覺得在第二堂的雙引擎課程光是飛機操縱就讓人頭大，更不用說要針對飛機的反應，做出這麼即時的反應，幸好我們在單引擎的反應練習時，不用真的把引擎給關車，只是把油門往後面收，感覺兩邊推力不均等，再開始程序練習即可，如果每堂課都要真的把引擎關掉，我想可能每天都要嚇得睡不著覺了。

£30

趕進度的沉重壓力

今天要上雙引擎的第三堂課，上這堂課之前，我看了看接下來的課表，才發現在雙引擎階段課程有兩次的越野飛行，分別為五個小時與四個小時，有兩個校內測驗考試，加起來安排的時間是四個半小時，最後的Check ride初估也要兩個小時，所以用我所剩無幾的大腦細胞算一算，30-5-4-4.5-2=14.5，也就是說，我要在這個時間限制裡熟悉這台飛機，並且拿到證照，不然就要開始多付雙引擎高額的超飛費用！而我現在已經飛了2.8個小時，那就只剩下11.7個小時，壓力頓時排山倒海而來，我可以用的時間已經快沒了，可是我居然連在地面上要準備的工作都還沒熟悉好！

帶著沉重的情緒到了學校，我的教官Jason說因為今天要用的飛機接下來的學生取消，他希望可以一次飛兩個Block，也就是一次結兩課來把握上課的時間。好處是，我們不用回到停機棚做飛機檢查，也不用到Run up Area做兩次系統測試、等待起飛，這算是省了快半個小時。我當時下了一個錯誤的決定，我答應了他！後來事實證明，今天飛的2.9個小時完全是在浪費時間，我還是一樣沒有得到太多的學習效果，由於過度疲勞後半部的課程吸收變得非常低落。今天的課程內容，除了之前的複習以外，還有以下幾個新的項目。

Emergency descent

飛機的引擎馬力越大，能到達的高度也就越高，到雙引擎階段，輕輕鬆鬆就能飛到以前不太會飛到的一萬英尺。飛機引擎能夠運轉主要是依靠航空用汽油跟空氣混和物爆燃，高度越高，空氣也就越稀薄，引擎動力也就越低，馬力越強，責任越大，除了提升引擎動力讓重重的飛機飛在高空中，還有小飛機常常看到的Turbo engine，把稀薄的空氣加壓，讓飛機可以飛到一萬、兩萬呎以上的高度，好處是高空中常常會有更大的尾風，讓我們的地速更快，也可以減低在空中濃厚的空氣所帶來的阻力。

可是在一萬呎以上，人體沒辦法得到足夠的氧氣，會產生所謂的「Hypoxia」，大腦無法正常運作，最嚴重的就是失去意識；所以在高中飛行的時候，飛機裡面必須要有加壓系統，讓飛機內部的高度比實際低。

今天這個項目就是飛機加壓系統失效時，要在最短的時間以內緊急下降，向管制員呼叫「Mayday」，申請緊急情況，請他清空空域，趕快回到低空才可以有足夠的氧氣供給大腦。

2005年有一個很有名的事故——Helios Airways Flight 522，飛機失壓沒有人發現，整架飛機裡的人包含乘客與組員共一百二十一人全體失去意識，飛機藉由自動導航繼續飛著，直到沒有油之後墜毀在地面上，藉由這個案例宣導，讓我從裡面學習到很多東西。

另外一種情況是飛機失火，要趕快降落進行疏散滅火，根據官方統計，一台飛機在燃燒的狀態中，最關鍵的是開始燃燒的十七分鐘，之後就很難出現滅火成功降落的紀錄。

Unexpected Engine fail during Cruise

這個項目很好玩，在今天的任何一個飛行階段中，教官會把其中一邊引擎的動力無預警的拉掉，假裝我們有引擎失效，這時候真的會嚇一大跳，機頭一瞬間偏向壞掉引擎的那側，趕快反應做出「Identify Verify feather」的程序，Dead foot dead Engine！

Vmc Demo

Vmc的官方定義如下：

VMC is the calibrated airspeed at which, when the critical engine is suddenly made inoperative, it is possible to maintain control of the airplane with that engine still inoperative, and thereafter maintain straight flight at the same speed with an angle of bank of not more than 5 degrees.

Vmc——Minimum control speed：飛機在引擎失效的時候可以維持直線飛行的最低速度。在這個速度以下，飛機會毫不留情地偏向另外一側。飛機在空中飛行，需要一定的氣流流過飛機，才會有足夠的空氣能量控制飛機的航向，

當一顆引擎壞掉，飛機會有旋轉跟機頭偏向一側的傾向，當速度低到Vmc以下的時候，我們就沒辦法再利用桿跟舵來保持自己的航向；可是因為低速度搭配單引擎的練習是非常危險的，所以這個第一次是由教官來示範，而不是像平常一樣出一張嘴叫我做。

飛機保持普通巡航姿態，慢慢把一顆引擎油門拉掉，等到我們沒辦法控制飛機航向的時候，飛機開始不朝著我們控制的方向移動，我們就趕快使用全推力，推機頭下降加速，並且喊出「Vmc」，就是一個完整的程序，因為眼睛要掃描的東西很多，所以以這個階段來說，是一個很有難度的技巧。

System & equipment malfunctions

系統失效。在以前頂多是看怎麼處理照顧自己，可是隨著系統開始複雜，從事商業飛行要考慮的事情也變很多，譬如哪些系統失常是屬於緊急情況，必須要趕快落地，哪些是屬於次緊急情況，我們可以先轉降到適合的機

場，又或者哪些不屬於緊急情況，可以持續飛到目的地，從事件處理者的角度轉變成飛機管理者的立場，讓我的心態上也有了轉變。

L31

申請更換教官

今天要做雙引擎飛機的IFR課程，又要找回我已經丟到不知道哪裡的HOOD，帶著HOOD遮斷外界的一切景物，回到儀表板面前，跟一堆指針大眼瞪小眼。雖然飛機的速度加快，可是難度並沒有增加多少，增加的只有不斷思考下一步而陣亡的腦細胞們。

鑑於上次一天兩堂課的教訓，我不希望再被Jason牽著鼻子走，一直急急急、趕趕趕，不斷的增加時數卻沒有實質上的進步，所以我決定今天是跟他的最後一堂課。人跟人相處本來就會有這種摩擦，不管你事情做得多好，做人多麼圓滑，你總是會碰到你不想理他、他不想理你的人；他是飛行學校的訓練考官，頂著大大的光頭，長得有點像布魯斯威利，不管是飛行技巧還是知識都非常強，像他這麼優秀的人，很快地就要被美國航空公司所招募，果不其然，他在跟我的訓練開始沒多久之後就跳槽到大型航空公司當一名客機飛行員。

因材施教方為道

我滿懷期待跟他開始我的訓練，想說有這麼優秀的人，訓練一定也可以非常順暢，但是事情卻不如我所想，Jason為人非常的有自信，像他這個有自信的人，覺得自己的思考邏輯以及做事情的方法都是正確的，但是很重要的是他無法理解身為一個雙引擎入門的我，為什麼照著程序走沒辦法把事情做好，我也是一個很努力的人，嘗試讓他知道我在訓練中所碰到的困難，更需要一小段的時間好好熟悉飛機，在腦海裡冥想飛行一段時間，才可以好好的把所有程序做好；也許是因為他馬上就要離開了，急切地想把我這個最後的學生教完，所以不斷施加壓力，但是我才不要因此多付幾千塊冤枉美金在訓練上。在飛行完這7.1小時雙引擎之後，我跟學校主動申請要更換教官，之後他也離開了，等待了一段時間才換到我之後的教官Steve。

也許一個優秀的飛行員是航空業所迫切需要的，但是他讓我感受到的那種Macho，那種充滿自信不容許錯誤的態度，不會是一個訓練生所想看到的，當你碰到一個個性不合的人，如果情況允許，不需要想著去迎合別人，趕快把握時間跟學校反應，事後也證明，這個決定帶給我很好的結果。

在等待新教官的這將近一個月的時間，我非常掙扎，腦海裡都是那些一直沒做好的程序，我每天都很努力的把能夠做的事情先做好，仔細地背起PA44裡面的系統，液體、電子系統用一個模擬軟體，讓我能用電腦試試各個按鍵，看它們在飛機裡面的管路會怎麼跑，在學校的考試中，我們必須要把這些系統畫出來，然後考官告知哪裡壞掉了，哪些備用系統會被啟用等等，也就是正常情況以及不正常情況的分析、當出現不正常情況時該做的判斷等等。除此之外，我也花了很多時間練習飛行時候會用到的Flow口訣，譬如說在落地之前，嘴巴要喊出「GUMPS」，再一個一個確認：

G – Gas（Fuel on the proper tank, fuel pump on as required, positive fuel pressure）

U – Undercarriage（landing gear down）

M – Mixture（fuel mixture set）

P – Propeller（prop set）

S – Seat belts and Switches（lights, pitot heat, etc）

在進場過程中放完外型之後確認輪子有放下來：

Three green one in the mirror（每個綠色燈號代表輪子確實是放下來的還有側邊鏡子反射看到輪子）

還有在每一個飛行動作之前要做的安全檢查「HASEL」：

Height

Area

Security

Engine

Lookout

最後就是引擎失效的時候的口訣「Identify Verify and feather」。

重拾信心，解放壓力

基本上這些都是我們在飛的時候用的Check list，有些可以邊看邊做，可是像這種出現頻率很高的會被要求背起來，背得不熟，在飛的時候做什麼都會卡卡的。我每天在家裡，女朋友會幫助我隨機抽考，在生活中做任何事情的時候抽考，一天幾十次，很快就習慣在專心控制飛機時也能輕而易舉做出這些Check list，這個方法讓我日後繼續飛雙引擎的日子輕鬆了許多。

終於，醜媳婦見公婆的日子到了，3月18日，今天比起以往更來得緊張，因為我跟新的教官Steve要飛模擬機。每一次在新的階段我們都會被指派新的飛行教官，可是在跟Jason飛的時候，我失去了任何留下的自信。

我們在簡報室先複習了該會的學科，以及等等要做的飛行項目，在模擬機的過程中很幸運的發現Steve不是一個會在飛行的時候指手畫腳的人，他會讓我先自己做完，再檢討哪裡做的不夠完美，讓我不用在專心開飛機的時候分心，課程結束意外這次飛得很好，也許是這一個月來的「Mental fly」有成果，又或者是跟女朋友的抽考練習讓我能夠做得更順手，我不在意，因為可以趕快邁向下一堂的Cross country就夠了。第一次的雙引擎越野飛行，終於跟這一個月累積下來的壓力說了再見。

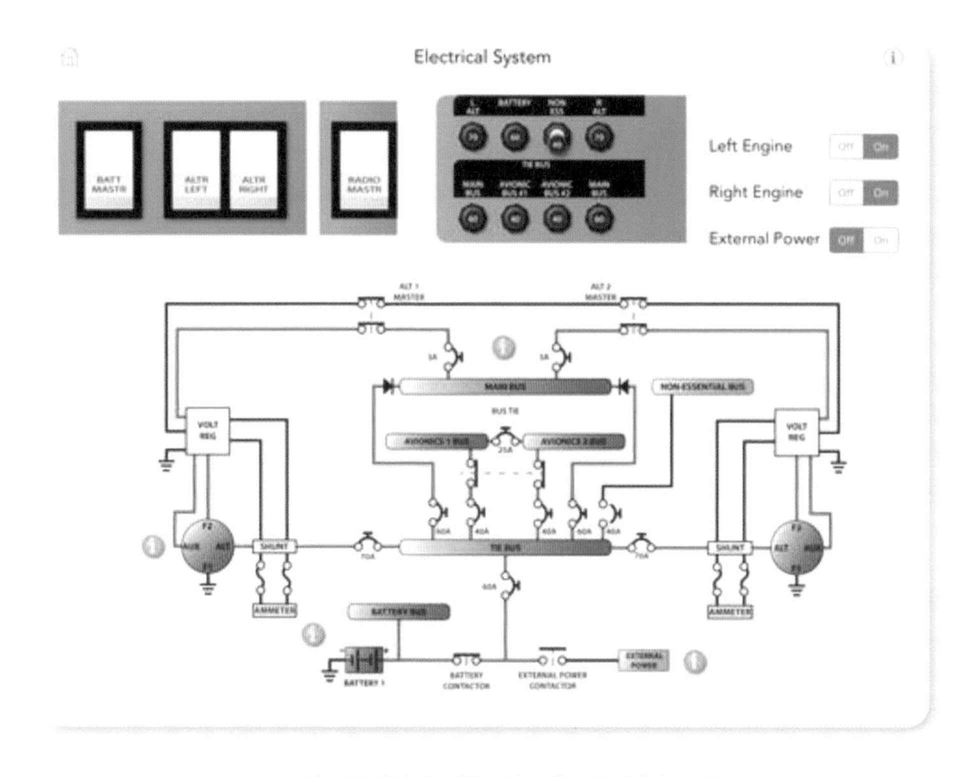

▲PA44 的電子系統示意圖，輔助我們做系統的瞭解

L32

跨越晝夜的雙引擎越野飛行

第一堂與Steve的雙引擎實機課，是兩堂越野飛行的合併課程，分別是白天與夜間各直線距離一百海哩，總共四個小時的飛時要求。雙引擎課程中規定的兩次越野飛行的其中之一，有些人在這次的飛行會跟其他同學做兩人合作，分別在白天與晚上飛行，好處是可以在後面看別人飛，而且還可以用一樣的錢做兩次越野飛行。

為了節省時間，我選擇合併兩堂課一個人飛。當初使用Cessna 152的巡航速度在每小時一百海哩左右，而現在用Seminole 則是一百五十五海哩左右，比以前快速多了的飛機，是不是能夠在做越野飛行的時候帶來更大的樂趣，讓我對這次的越野飛行很是期待。

跟Steve碰了面，我們決定今天的目的地位於北方的PAE-Paine field，這個機場是想去很久了的一個小型國際機場，它除了是一個機場，更是波音公司的工廠以及飛機組裝地之一，可以看到非常多的波音客機組裝完成等待交機。

在簡報室先把沿途的天氣看了一下，雖然途中可以預期一些雲霧，可是因為氣溫不低，所以不會有結冰的問題，只是在航路中如果需要進雲，需要跟航管申請IFR儀器飛行程序，所以我們先買了沿途會用的VFR以及IFR航圖，做了飛行計劃，朝著天空前進。

在地面上我們先計算了所需的飛行時間，一個小時可以飛一百五十五海哩，配合當天的天氣以及低空風還有其他因素，大概只需要兩個小時就可以完成越野飛行包含起飛、爬升、巡航以及下降，再加上在地面上的準備時間半個小時，大概還留有一個小時可以在空中做一些練習，達到來回四小時的科目要求。

起飛之後，我跟Steve要求想要練習的科目是：Simulate engine failure、Vmc Demo、Stall recovery、Steep turn 等四個讓我之前吃足苦頭的項目。可能是因為上次飛的模擬機讓我建立起了自信，這次做得還算是及格，勉強也能在真機達到考試標準。

接下來將GPS設定目的地PAE，直線距離110海哩，中途沒有碰到什麼困難，想不到雖然速度比較快，可是在感覺上沒什麼變化。經過我常去的Boeing field，經過西雅圖很快地就到了目的地機場，往下面一看，一整排又一整排的波音787，非常的壯觀，讓我打從心底讚嘆，這就是我的夢幻機種，將來一定要成為一個787的飛行員，鋸齒狀的引擎尾蓋，微微上揚的翅膀，看起來是這麼的得意洋洋。

我做了一個ILS精確進場，落地之後，抽支菸稍微休息一下便踏上歸途，雖然身體很累，可是這趟越野飛行讓我非常的滿足。

擺脫依賴心態

在美國學飛的最後一個Stage，一個小小飛行留學生的身分即將功成身退，以後會不會順利進入航空公司完成自己的夢想我不知道，我只知道自己即將面對最難的一個關卡，而在這一個關卡更不能鬆懈，扮演PIC（Pilot in command）的角色來飛PA44，內容有兩個重點，一個是超長程越野飛行，另一個是夜間飛行。

在這之前的課程裡面，也許是因為程序跟系統按鈕們複雜，教官在旁邊看到我卡住做不出動作的時候都會出個聲提醒，這給了我好像什麼都會做的錯覺，但是到了這個階段了，沒辦法再容許自己有這種態度，畢竟只剩下幾

課一切課程就結束了。我在這個階段的開始，告訴Steve我下了一個決定（也許我從一開始就應該跟教官講清楚），在練習所有的飛行技巧動作的時候，只要是在安全的範圍內，不要給任何的提示；我若不這樣做，會造成一種依賴的習慣，當真正在飛行碰到任何問題需要解決的時候，我都會習慣性地安心去依靠旁邊的人，真正的讓自己去做，甚至做錯，才可以養成思考的能力，這也是我在這個最後階段給自己的最後目標。

▲在Paine field機場裡，可以看到一整排的787等待交機，非常壯觀

£33

超長程夜間越野飛行

在三十個小時的訓練之中，其中一堂課的規定是飛時五個小時，直線距離250海哩，落地三個不同機場。這趟飛行十分讓人熱血沸騰，也是學飛訓練裡的重頭戲，一般來說，我們不會飛這麼遠的距離，更可以去到以前沒有嘗試過的機場，能夠看到不一樣的風景，對飛行員來說總是讓人興奮。

在飛行之前，我跟教官先看了各地的天氣預報，橫跨的距離太遠，很難碰到各地天氣都好的日子，飛行只能一延再延，一天過去又一天，浪費了許多時間，總算讓我等到了這天。

跟著教官做完簡報起飛，這趟飛行必須跨越2.5小時白天與2.5小時晚上，我們往東邊飛，果然不負所望，風景讓人目不暇給，但是五個小時的飛行，真的非常累人，現在航空業，都會使用自動導航，讓飛行員站在監督的角色看著飛行以及整個飛行狀況，但是在我們飛行學校，可沒有這麼好的裝備，只能一路手飛，台灣的飛行員稱呼這為「端盤子」，一路端到終點。

疲累又過癮的體力大挑戰

另外因為Seminole最大載油量相當的低，無法裝載來回油量，所以必須到達另外一個機場之後手動加油。有過上次參與學長的長程越野飛行時，到達第一個降落地點準備加油，卻碰到自助加油站油量不足，機場人員又全部都下班的慘痛經驗，經過一番討論，我們決定先繞路飛到另外一個有24小時值班人員的機場，保險的加滿油，再繼續這趟飛行。當這些突發情況出現的每一分鐘，都是要用自己的錢與時間來支付，所以這次我學乖了，連加油備

降站都選好，以免出現一樣的慘痛經驗。

最後回到我們的基地波特蘭之後，課程要求我們將下一課的十個夜間「Stop and go」合併處理。這是我在美國的一年半中，最累人的一個時刻，畢竟已經飛完四個小時了，在精神集中的情況下就算是坐著也會消耗很多體力。這次教官很殘忍的地方是，他明明知道我已經快睡著了，還硬是要我獨自完成，累歸累，該做的檢查跟再次確認，是不可馬虎的，在十次每個落地之前，還是把GUMPS的檢查流程與每個檢查表一個一個給做好，飛完之後全身筋疲力盡，教官總算接手，幫我飛回學校；雖然一次可以結束三課相當過癮，可是這一趟飛行，果不其然，要價兩千兩百塊美金，快要七萬塊台幣！頭痛，心也痛。

L34

沙漠地形的越野飛行

在雙發動機的考試規定裡，有必須要擁有總飛行時數250小時的要求，這代表除了必須要專心貫注在雙發訓練之中，還要飛單引擎累積時數。我覺得飛行很快樂，可是每次這樣換來換去真的很煩，每架飛機都有自己的特性和限制，航空業所謂每換一種機型，就剝一層皮就是這個意思。抱怨兩三句，還是拾起我的POH（Pilot operating handbook），在每次飛行之前好好複習，才可以有一趟美好又安全的飛行。

今天跟朋友要往學校的東邊飛去，很少見的，因為東邊是峽谷地形，在計畫飛行的時候要考慮的安全重點不太一樣，沒有到處都是的平地稻田，緊急降落的的地點選擇也受到限制，所以在之前的階段都避免飛這個方向。帶著有經驗的朋友Jeff領導我往那邊飛，他是一個很煩的人，每次一起飛都要聽他一直碎念，但是為了飛行安全，只好這樣做，好，東邊有峽谷，又是自然生態保護區，就法規而言，我們不可以飛得太近，避免因為螺旋槳聲太大而嚇死野生動物，但是因為峽谷的關係，伴隨著上升氣流，造成許多低空雲，在雲跟最低限制高度之間，尋求一個可以讓人接受的高度，是今天首要的課題。

開飛機的西部牛仔

起飛之後沿途的風景，真是讓人驚豔，可以很清楚看到峽谷邊，有一條很大的瀑布，叫做「Multnomah Falls」，在電影《暮光之城》中有出現過的場景，很多外地來的人都會來這邊爬山。再往東邊飛去，是一個小城鎮

「The Dalles-DLS」，這裡很有西部電影中出現的老城鎮氣息，泛黃的招牌，稀少的人口，搭配一望無際的沙漠，是我對它的印象。目視城鎮裡的跑道，慢慢地飛了過去，因為跑道頭有一座山丘，所以我必須保持高度，通過跑道頭，再增加飛機的下降率，第一次嘗試卻因為下降計畫不夠周詳，做了一個重飛試試水溫，繞一圈機場，看看周圍，再試一次之後，很安全地落在機場；人生不也是如此，第一次不行，再努力試幾次，總有會成功的一天。

在這個看似西部荒野機場中，有一個西部餐廳，這裡就像是電影裡看到的，有一些美國阿伯帶著牛仔帽，不一樣的是，這邊的阿伯不是騎馬來，他們是開著飛機來。原本想要好好享受這個氛圍，假裝自己是屬於裡面的一部分之後再啟程，好巧不巧，這間西部餐廳跟電影裡不同，沒什麼生意，沒有人特地飛來這個機場吃飯，所以餐廳早早就打烊了，真不知道開這家店的用意在哪？

好，那就加油起飛吧，看看南邊，一望無際的沙漠，能夠在這個地方飛一下也是很暢快，趕緊請煩人的朋友打給學校，說我們會晚兩個小時回去（在我們學校，他們會隨時掌握我們的行蹤，以在意外發生之時可以做第一時間的救助）。往南邊飛，因為都是沙漠，所以熱對流非常強烈，飛機一直晃來晃去，這就是在低空飛行時的一個不利條件，晃久了人就會不舒服，在航空業準備要降落的時候常常可以感受到劇烈晃動，也有一部分是這個原因，另外一半是飛行員技巧很爛。

二度造訪分部機場

到達南邊之後，降落在我們學校的分部機場Prineville campus，因為這邊地障較少、溫度較高、濕氣較低，所以沒有冬天不能飛的考量，學校很多學生會來這邊待個一個禮拜，多增加自己的飛行時數。

一個禮拜以前，我跟學校兩位朋友也開了三個小時的車到這個地方，想多增加一點時數，可是，這邊的住宿是四個人一間，有點像我們當兵時那種簡陋上下舖，為了加快飛行時數的累積，只得硬著頭皮上了，做好心理準備、帶著泡麵，走進辦公室一看天氣資料，雖然天氣平時都很好，卻在我們到達的那天，雷雨雲當空！不知道是運氣其實很好，不用在那飛，或者是白開這三個小時？於是我們就啟程回學校了！

諷刺的，一個禮拜後我們又出現在這裡，住在裡頭的飛行教官自然很傻眼，放心，我們抽支菸就走了，掰掰！回學校啦！

▲泛黃的沙漠城市The Dalles，充滿著西部電影裡老城鎮的感覺，看著兩條十字形交叉的跑道進行繞場，沿著河轉向做落地，非常好玩。

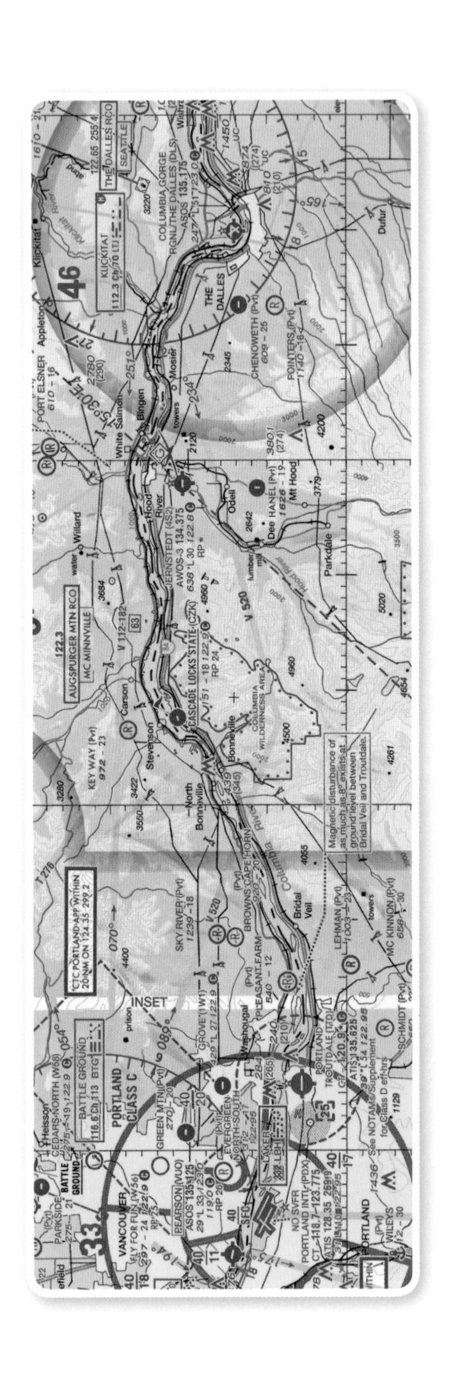

◀從波特蘭往東邊沿著峽谷飛直到The Dalles是非常特別的經驗，雖然在操作上有比較多安全上的考量，卻沒辦法不為這美麗的風景而讚嘆。

£35

一飛三次的最後階段試驗

學校裡最後一個模擬考試EOC（End of course），考完這個考試我就可以做最後的Check ride，再兩步我的美國任務也就即將告終。雖然對於這台飛機還不是百分之百的熟練，可是我已經做了能做的所有事情，抱著滿心的期待，來到學校，穩穩地跟我今天的考官TJ見面，跟他考過很多次試了，一起抽了很多菸，所以不會有陌生考官帶來的緊張感覺。

在飛行知識方面，因為我花了很多時間準備，讀得很熟了，帶著什麼都會的自信，走進簡報室，跟TJ笑了一下，握個手，開開心心的打個招呼，坐了下來，當下的我根本沒想到，這個考試會讓我一飛三次，這麼不順，帶給我這麼大的挫折。

跟TJ做的Oral考試，從系統圖的繪畫走向講解到雙引擎空氣力學再到天氣變化分析，一個半小時一下子就過去了，可能是因為很熟了，所以沒有應試的感覺，反而像是朋友間的聊天討論，隨時想去抽抽菸、喝咖啡都無所謂，就這樣我們順利地結束口試，走到飛機旁準備我接下來的第二部分飛行試驗。

預期外的飛機故障

進到飛機開始作準備工作，一如往常光是系統測試就花了二、三十分鐘，也就是三、四千台幣，幸好我在之前節省飛時有成果，所以可以壓縮在不超過三十小時的範圍內，有餘裕的做我該做的事情。

由於TJ以前在Seminole裡面出過一些意外，在這種低翼飛機的飛行當中，飛機駕駛艙看出去的下方是死角，在做一些特技或是練習科目的時候很容易漏掉下方的空間確認；碰到高翼飛機在自己下方的情況，對方情況完全相反，就可能會產生空中相撞的風險。我聽說他是在一次考試的過程中發生了這樣子的事情，對方飛機也沒有在公共區域廣播自己的位置，也沒有在聽，所以他們在空中發生了碰撞，TJ最後帶著學生成功的做了迫降，雖然不用承擔任何法律責任，但是事件的調查卻讓他沒有辦法在累積足夠的時數之後直接去大型航空公司工作，也因此讓我可以感覺到他在Seminole裡面滿是緊張，像是深怕空中碰撞會再次發生，連我也感染了他的情緒，有一種綁手綁腳的感覺環繞在機艙裡面。

起飛在跑道滾行的過程中，到達起飛速度，跟平常一樣，我把飛機的yoke往後拉，試著讓機頭抬起，讓飛機起飛，可是今天這台學校最老舊的Seminole，有著出乎我意料的鋼繩張力，我沒有辦法把飛機頭拉起來，著實嚇了我一跳，也讓TJ吃了一驚，我第一直覺反應是把控制動力桿的右手借過來，兩隻手一起拉，才讓飛機離地，這個舉動嚇壞了TJ，他說我不能這樣做，右手必須一直放在動力桿上為煞停做準備，讓我們後來的飛行考試陷入更緊張的氛圍。

在空中做了一些基礎科目後，我們到Corvallis Municipal Airport無人管制機場做起飛落地的項目：進場重飛（Go around）。在落地之前由於跑道未被淨空，或是落地姿態不正確導致我們要用全推力，把機頭拉起放棄落地，雖然是在一個很關鍵的階段，但是只要熟悉程序，是不會造成太大的問題的，正當我們用全推力爬升的時候，TJ發現我們的RPM，也就是螺旋槳轉速爆錶，因為一瞬間加太多動力，油大量進入引擎增加爆燃的的動能，帶動螺旋槳轉速加快，平常大概是落在RPM百分之九十的地方，但是今天指針時不時跑到百分之一百零五，長時間持續下去可能造成引擎損壞或是失效，TJ喊了一聲：「I have control.」說要由他來做一次重飛確定飛機性能不穩定的程度，為了飛行安全，我只好答應。飛了一圈發現問題果然就跟我們觀察到的一樣，接下來的飛行趕緊把油門收小一點，保持低速度，避免讓引擎有太大的負擔。

TJ告訴我如果繼續考試，可能風險會增加，他不希望把我們暴露在這種危險之中，建議回航學校做檢查，雖然我很想趕快把考試結束，但是秉持安全至上的原則，我也只好贊同他的決定。**飛行一個很重要的地方是，不要讓個人感情跟情緒影響到自己的決定，了解目前的處境，也就是安全這個不會錯的大方向。**

中途停止考試被迫返航

往學校飛去的過程中，發生了一件小插曲，TJ忽然把一顆引擎收到零推力，我當下第一個反應以為他是想做一些測試，而並沒有做出任何反應；想不到過了幾秒，他告訴我，我這次考試不及格，因為我並沒有針對模擬引擎失效做出任何處置，我滿腦子問號，搞不清楚他到底想做什麼，因為他是那個要我們停止考試返航的人；我對這個突如其來的Fail當然非常不服，雖然飛行員必須面對各種可能會出現的突發狀況，但是我實在無法認同說好返航卻又突然出現考試項目的做法，跟他理論了半個小時，他同意我們把那個項目當作未完成而不是Failure。

這次的飛行因為飛機問題返航，跟學校反應之後，經理同意退我二十分鐘TJ測試飛機用掉的時間，畢竟如果每次飛行都出現這種事，我的美金會很容易就被燒光了，對窮留學生來說，任何一塊錢都很重要！

又等待了一個禮拜，終於有別的考官有空，讓我繼續做第二次的EOC

考試把未完成的部分結束掉，也是一位跟我熟識的日本考官。等待了一個禮拜，帶著焦躁的心情飛上天空，以為我們只要把未完成的項目給做完就好，殊不知他要我重複做很多比較難的科目，才放心讓我去考Check ride。我把它當成一次練習，沒有怨言的去執行他的要求，這時候，他問我是在訓練的哪個階段做真正的引擎關車重開練習，也就是模擬真正的Engine failure，我想了又想，我根本沒真正在空中關過引擎啊，平常的練習都是把動力桿收回一點，模擬兩邊動力不均等而已，考官瞪大了眼睛，他說在雙引擎商業駕駛執照的課程當中，必須要有一次真正的練習，他很驚訝都沒有人讓我做過，沒辦法，這次考試就讓我真正做做看吧！當他把引擎給直接關掉的時候，我親眼看到飛機左邊的螺旋槳停止運轉，我瞬間失去了思考的能力，不管之前做的是多麼熟練，腦袋直接打鐵，愣了又愣，才開始散散的做了該做的程序，跟平常不一樣，不趕快把螺旋槳順槳，造成的阻力實在是太大，在重新啟動引擎的時候，必須推機頭，拿高度換取速度，才可以有足夠的空氣分子流過螺旋槳，產生動力，平常只是像背書一般的做程序的我，深刻感覺到當事情發生的時候，保持冷靜慢慢處理的重要性。

做完了項目們，飛回學校，打算做最後一個科目短跑道起降，我們要在最短的距離內，並且在指定的地點著陸才行，可是這個時候，考官又說我們的飛機租機時間已經到了，我們必須直接返回學校，又是一天的考試未完成，隔天只好再度起飛做了一個五邊繞場，一個起飛、一個落地，就這樣耗時0.4小時，雖然考試終於結束了，但是三趟飛行總共花費3.5小時，光是最後的起降0.4小時耗費快五千塊台幣，讓我有種成為台幣戰士的感覺，算了怎樣都好，我現在只想趕快把Check ride通過，結束這場戰爭般的考試帶來的龐大壓力。

最後的大魔王：Commercial pilot license check ride

終於要去打大魔王了！這是我在美國的最後一個考試，老實說，跟以往的考試不太一樣，我不覺得自己已經準備到完美的程度，我只希望那天運氣很好，能夠讓腦袋清楚一點。

照以往的慣例，學校指派我跟學校合作的FAA認可考官一起飛，她叫做Mary，是一位六十歲出頭的優雅女仕，不管是夏天還是冬天，每次在學校看到她都是穿著一身紅色的大衣，我以前並沒有跟她說過話，但是她是學校四個合作考官裡面最有名的一個。在我的儀器飛行階段，她最有名的事件是在一個月內，連續無中斷讓十一個考生不及格！甚至還有在地面滑行時因為沒做好Check List，直接宣告下次重考的紀錄。

抱著這樣子緊張心態過了兩個禮拜，每天都像是在監獄裡等待受刑的囚犯，只祈禱一個解脫，就在考試即將到來的前三天，學校忽然打電話給我，問我介不介意換考官，我們的亞洲學生經理SK即將做他雙引擎考官的執照考核，SK指定希望我可以跟他一起做！聽到這個消息，我雖然不是在飛機裡面，可是我整個人猶如飛起來一般開心得不得了！從紅衣殺手到經理SK，這個消息就像是中了樂透。

我應要求走進SK的辦公室，告訴他我很高興他做了這個選擇，我覺得平常的為人表現受到自己尊敬的人的認可，我心裡面告訴自己，只剩下三天，我一定要利用剩下的時間把自己準備得更好，才不會讓SK失望。

在考試的這三天，他邀請我去他的家裡跟他的家人一起共進晚餐，他讓我不要緊張，告訴我他年輕的時候在日本JAL 飛行、接著去越南當總統專機機長的故事，除了飛行還跟我分享很多人生的經驗，從一開始他就像是我的恩師，在未來，我期許自己能夠成為一個像他一樣的男人。

到了考試這天，我跟恩師先在辦公室碰了面，才一起走去今天的簡報室，碰面的那個時候，我看著他全身整套的西裝，如此的正式，感受到他肩膀所承受的壓力，再看看我自己A&F棉褲加T-shirt，似乎不是那麼得體。事後他告訴我，他第一次看到學生穿著睡衣來考試，成為我們每次見面都會講的笑話。

在簡報室裡又來了兩個FAA指派的考官，為我們的考試打分數，看他有沒有辦法勝任這個職位，我想，恩師的壓力應該比我大很多。結束了自我介紹，恩師跟我說因為今天也是他的證照考試，所以不需要支付考試的費用，我跟兩位政府的官員鄭重道謝：「Thanks for coming！ 」四個人的氣氛緩和了許多，跟以前考過的試一樣，只要事前有好好讀，不會出現一些意想不到的問題，問了將近兩個小時，我們休息了一下就往飛機前進，這個時候我強烈的感覺到，恩師真的很緊張，一注意到這個，我的緊張感就緩和許多，畢竟感覺起來我好像不是今天唯一的主角。

上天空之後使出渾身解數，把考試項目一一解決掉，雖然有幾個項目，像是高空啟動引擎之類的，是我比較不擅長的，但是每每到這種時候，總感覺身體裡會冒出一股神奇的力量，所有的感官以及腦海裡的思路都變得更為敏銳，不知道是不是在火災現場逃生可以使出搬開電冰箱力量的道理，我表現出百分之兩百的能力，連FAA考官都讚不絕口。

下飛機之後，我把飛機做好停機處理，一個人站在飛機旁邊，帶著感動的情緒摸著PA44，不自覺地流出了幾滴眼淚，自己一年多來的努力以及在美國所有的考試終於都結束了，半夜壓力過大失眠、偷哭、用酒精麻痺自己的一切情緒，都在這個時候宣洩出來了，很感動也很有成就感，三次check ride零失誤，達成！

地面課程

在CPL的地面課程階段，大部分的科目知識在以前都已經上過了，是舊課程的重複加強，所以我採取了不一樣的策略，有別於以前一小時要付教官五十塊美金，我跟另外三個朋友先聚在一起把Jeppesen的教科書給讀熟了，整理出我們的問題，再約熟識的教官上團體課程，每個人的金額一小時只要付二十塊美金左右，比起單獨課程一小時五十塊美金不僅省錢、又可以用比較快的速度結束地面課程，更省事還可以讓教官多賺一點，只要回答我們的問題就好，大家都開心。

Ground lesson 26 commercial maneuvers

在雙引擎商業駕駛執照的階段，不需要做這些高難度的動作，不過在單引擎飛機的時候（台灣報考航空公司不需要單引擎商業駕駛執照），這些項目就是必修課程，包含：

1.Chandelles

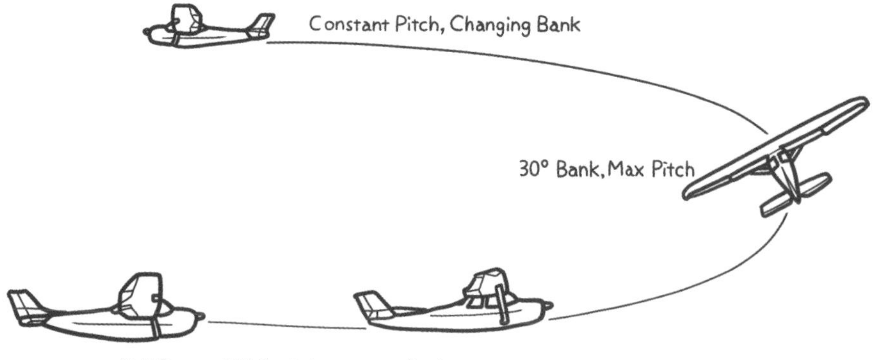

2.Lazy eights

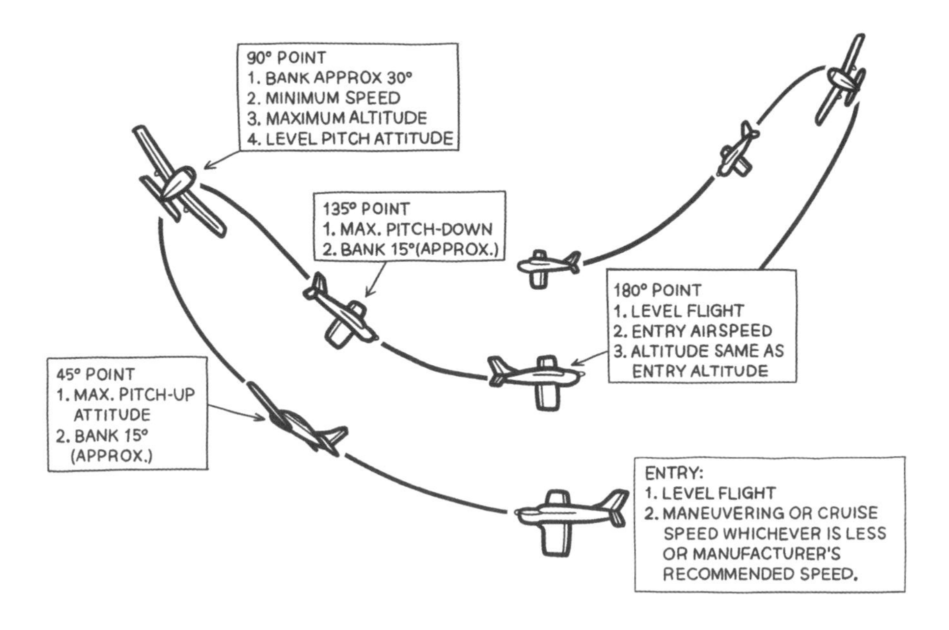

3.Eight-on-pylons

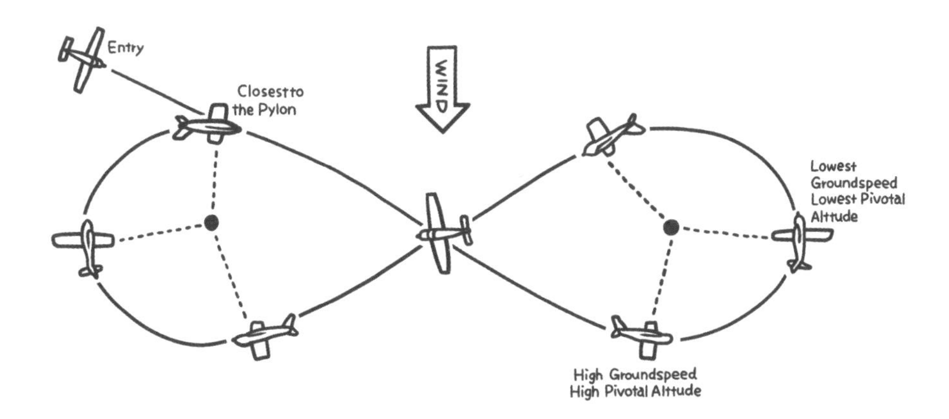

4.Steep spirals

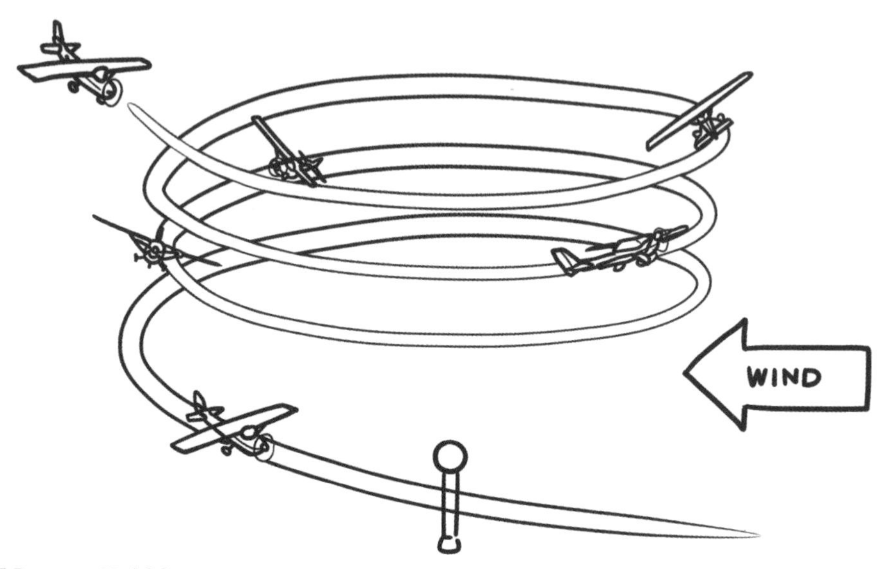

5.Power-off 180

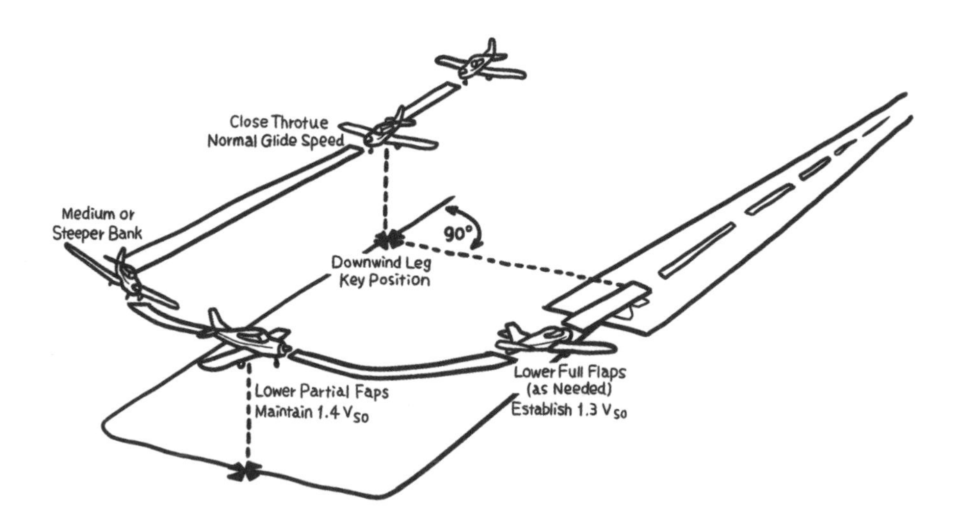

這些高難度的動作，要求更精準的飛機控制，以及良好的手眼協調，如何在空中維持所需的速度、增加或減少高度、不停地精確微調油門，讓飛機免於失速，做出我們要的動作，像隻蝴蝶一般，在空中翩翩飛舞，都需要私下花很多時間冥想練習，才能夠在真正上飛機的時候，表現出單引擎商業駕駛該有的水準。

Ground lesson 27 Emergency procedures

各種緊急情況都在這一課做了處置的教學，緊急下降／進場／落地、空中以及地面的失火處置、部分動力失效、飛行中門彈開、不對稱的襟翼伸展、各式緊急裝備的運用時機等等，要注意的緊急情況真的太多了。目標成為一個專業的飛行員，我們用便利貼寫了好幾十種的情況，再用另外一疊便利貼寫目前在飛行的哪一個階段、滑行、低高度爬升或是落地前等，互相考對方，隨便翻兩張做搭配，解釋給對方聽，再討論自己的意見與解決方法，每天做個兩、三次，對於飛機的處理越來越熟，而這個習慣也跟著我到現在，三不五時抽考自己一下，讓每一趟的客人，都可以得到更安全的一趟飛行。

Ground lesson 28 Commercial decision making

Commercial decision making：到了可以載客或是載貨的階段，在一些關鍵決定的思考方式，跟以前有了很大的不同，乘客感到不適該怎麼辦，貨物具有危險性，譬如鋰電池、乾冰等等，要放置在飛機的什麼位置，最多量不可以超出多少，在緊急情況發生的時候，在貨物發生問題產生危險的時候，該怎麼處理，還有沒有辦法繼續飛行到目的地。

在美國的飛行歷史裡面，出現過幾次因為貨物沒有妥當處理，而發生事故的經驗，其中最有名的事件之一，就是Qantas flight 30，這是一架波音747客機從英國倫敦飛往墨爾本的飛機，中途在香港停靠，載客369人，在香港起飛後的五十五分鐘，巡航高度29000英呎，氧氣艙爆炸，機腹炸開了一個很大的洞，飛機立刻開始失壓，飛行員立刻做緊急下降的記憶程序，以免因為失去的壓力造成氧氣不足而人員昏倒甚至死亡，迅速下降到一萬英呎，最後轉降在菲律賓。

當我們飛機的高度越飛越高，飛機越大，操作的環境機場越不熟悉，要考慮到的事情也就越多，飛機上可能會擺著很多有的沒有貨物，都可能產生很嚴重的影響，近幾年因為起火事件被禁止帶上飛機的手機三星Note7也是一個很好的例子。

Ground lesson 29 High performance power plants

在飛行中可以看到的任何引擎都跟四個程序有關：Intake-compress-power-exhaust，藉由這個程序產生出推力讓飛機往前飛行，而又因為設計的不同，分為四種渦輪引擎：

1.Turbofan：搭乘航空公司國際線的飛機出國的時候，看到引擎有許多的葉片由一個引擎外殼包起來的，就是「Turbofan」，相對的省油，又可以在接近音速的速度飛行。

2.Turboprop：許多國內線飛機用的渦輪螺旋槳引擎，更省油，在低速時可以有很好的效率，缺點是在速度上有限制且無法飛得太高。

3.Turbojet：在四種引擎中可以產生最大的推力，讓飛機可以突破音速飛行，可是非常的耗油，Concorde就是使用這種引擎，可是因為不切實際所以航空公司放棄採用這種引擎。

4.Turboshaft：主要是使用在直升機上，引擎產生的動力不是推力，而是用來帶動他的螺旋槳。

Ground lesson 30 environmental control systems- oxygen system, cabin pressurization, ice control systems

隨著飛機的飛行高度越高，要面臨到機艙內的設計改變也越多，要有足夠的氧氣，高空中機艙內就必須加壓，隨著高度越高氣溫降低，機體一碰到水氣就會結冰，使用到很多引擎高速運轉壓縮的空氣，這些空氣被壓縮過後供我們呼吸，也因為加壓溫度升高，配合電力系統可以直接幫助飛機的防、除冰，這就是飛機的「Pneumatic system」。

Ground lesson 31 Retractable landing gear

雙引擎飛機以及部分的單引擎飛機為了增進飛機的性能，把飛機的輪子設計成收放式，落地之前再把輪子放出來，可以減少非常多的阻力，可是，當輪子卡住放不出來，就不是一件好玩的事情。輪子有沒有放出來，飛機裡都會有燈號顯示，確認輪子已經是在完全放下的階段，還有另外一組的確認方式是一個可以看到輪子的鏡子，讓我們買一份雙重保險。如果沒有放輪子落地，飛機與地面摩擦著火，是很恐怖的事情。

在系統失效或是輪子卡住的情況下，飛機都有設計備用系統，來讓輪子順利降下，液體壓力、氣體壓力、手動轉動手把，其中最常見到的是重力式，以輪子重力自由落體，在民航界裡面最常看到的也是這種，也許不用其他的系統安裝，最節省成本，缺點就是放下去之後收不回來，如果要進行重飛會帶來很多阻力。

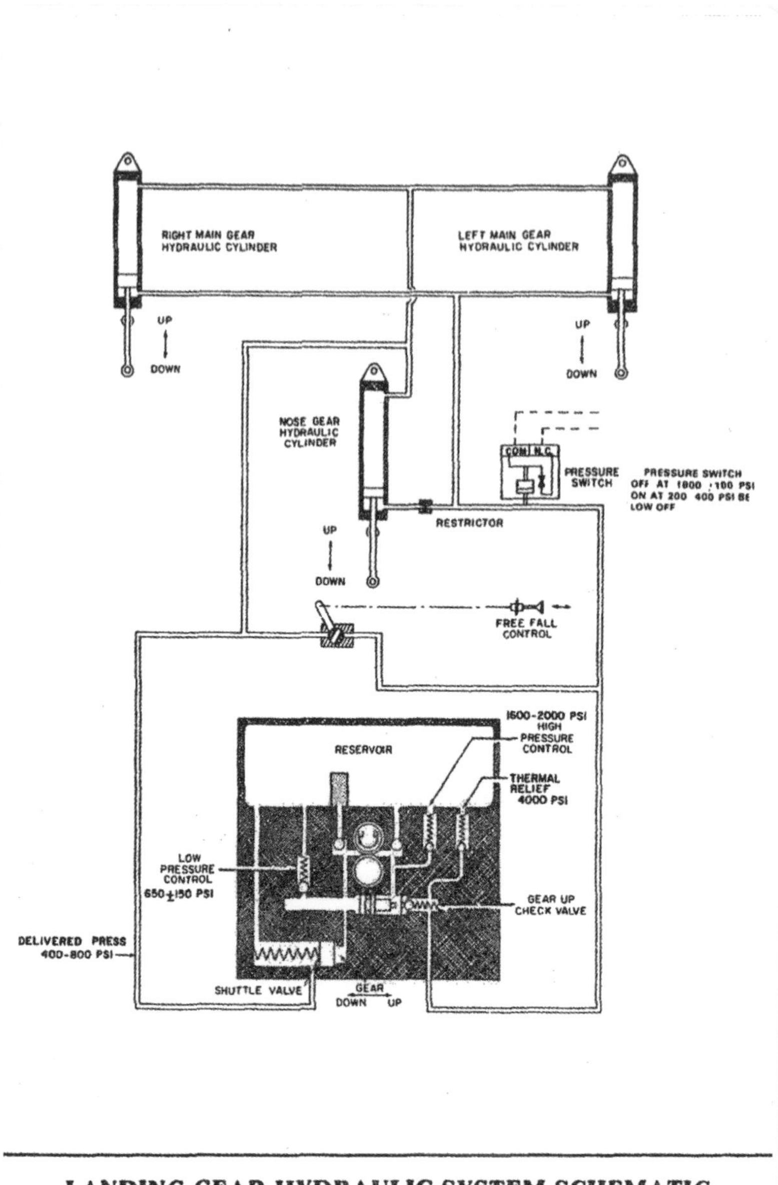

▲POH-Landing gear hydraulic system

Ground lesson 32 advanced aerodynamics& stability

飛機的穩定度對於飛行來說自然是非常的重要，可是我個人認為這個部分跟飛機的操作是沒有太大的關係的，只是要好好的死背起來，分為動態、靜態穩定，還有垂直、水平、橫向各種穩定度等等，由哪個地方為中點，飛機在各種穩定度的情況下施力會造成不同的反應，有很多種不同的情境要背，傷害了我不少的腦細胞。

Ground lesson 33 Performance

每一趟飛行，飛機的性能表現都不一樣，有非常多的外在條件影響著飛行的各個階段，大氣壓力、溫度、風向、跑道狀況，影響到的程度都不盡不同，風險最高的起飛、降落、爬升、下降、巡航、平飛等各個階段，我們必須熟讀POH-Pilot operating handbook，把裡面的各個圖表用法弄清楚，才能知彼知己百戰百勝。

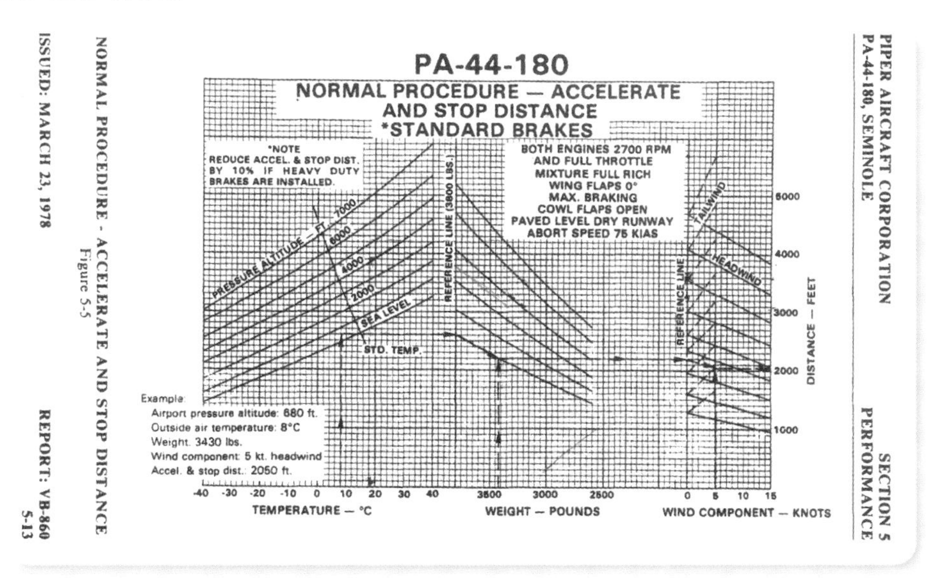

▲POH-Accelerate and stop distance chart

Ground lesson 34 W&B-limitations, CG limits

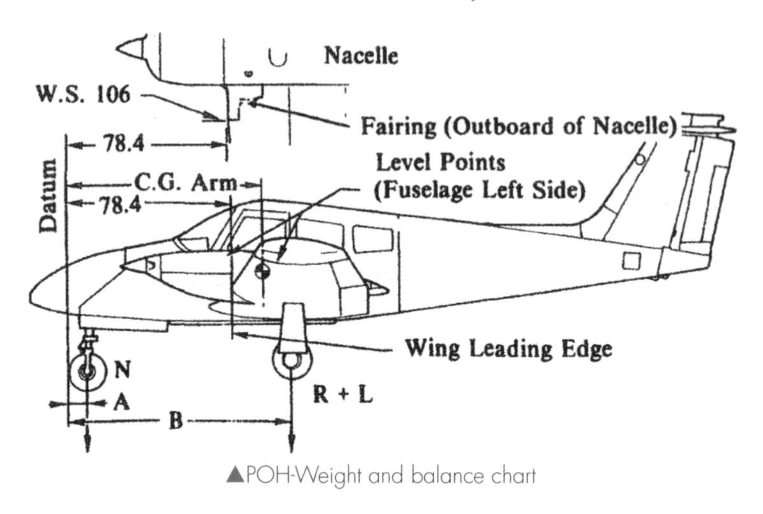

▲POH-Weight and balance chart

重量與平衡的限制與重心，在雙引擎的飛行中因為能夠裝載的重量變重，對照著Pilot operating handbook可以算出來就算是一樣的重量，隨著重心位置的不同，能到達的最大巡航速度也不同，每一趟的飛行中有沒有帶其他的乘客，讓我們在做飛行動作技巧的時候手感也都不同，重要的是一切起飛前都要確定在一切在限制內，才能讓風險降到最低。

Ground lesson 35 multi engine systems

雙引擎飛機的系統，包含引擎、油、電力、氣動力、恆速螺旋槳、防除冰雨、起落架、機艙內部環境等等，就像是前幾課所寫的，除了懂以外還要畫得出來。在這之外，有大量以前沒有碰過的專有名詞，讓我碰到瓶頸，要一個一個單字查清楚意思再上Youtube用動畫查它們的運作方式，譬如Check valve、shuttle valves、alternators、regulator、cylinder、restrictor、pressure switch等等。

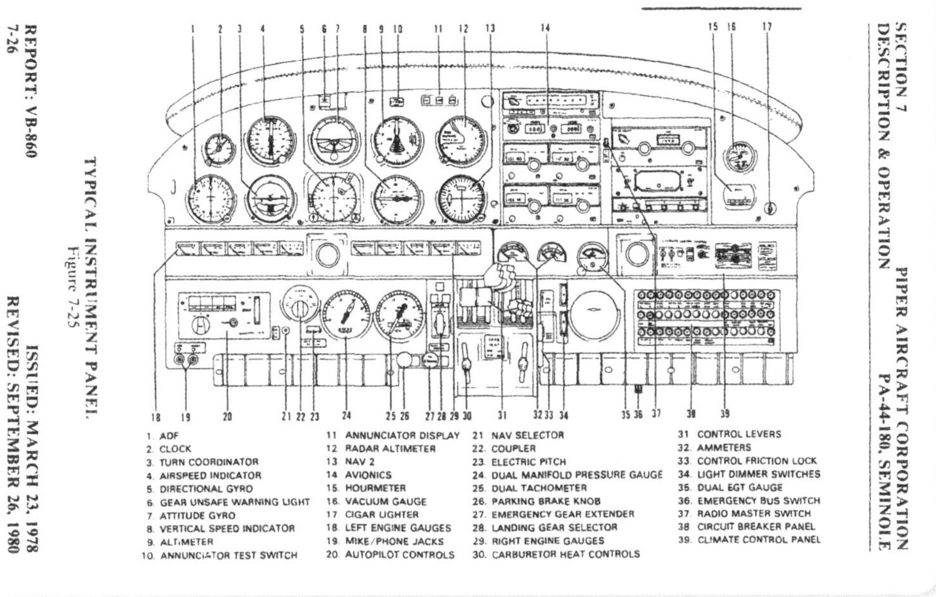

SECTION 7
DESCRIPTION & OPERATION

PIPER AIRCRAFT CORPORATION
PA-44-180, SEMINOLE

1. ADF
2. CLOCK
3. TURN COORDINATOR
4. AIRSPEED INDICATOR
5. DIRECTIONAL GYRO
6. GEAR UNSAFE WARNING LIGHT
7. ATTITUDE GYRO
8. VERTICAL SPEED INDICATOR
9. ALTIMETER
10. ANNUNCIATOR TEST SWITCH
11. ANNUNCIATOR DISPLAY
12. RADAR ALTIMETER
13. NAV 2
14. AVIONICS
15. HOURMETER
16. VACUUM GAUGE
17. CIGAR LIGHTER
18. LEFT ENGINE GAUGES
19. MIKE/PHONE JACKS
20. AUTOPILOT CONTROLS
21. NAV SELECTOR
22. COUPLER
23. ELECTRIC PITCH
24. DUAL MANIFOLD PRESSURE GAUGE
25. DUAL TACHOMETER
26. PARKING BRAKE KNOB
27. EMERGENCY GEAR EXTENDER
28. LANDING GEAR SELECTOR
29. RIGHT ENGINE GAUGES
30. CARBURETOR HEAT CONTROLS
31. CONTROL LEVERS
32. AMMETERS
33. CONTROL FRICTION LOCK
34. LIGHT DIMMER SWITCHES
35. DUAL EGT GAUGE
36. EMERGENCY BUS SWITCH
37. RADIO MASTER SWITCH
38. CIRCUIT BREAKER PANEL
39. CLIMATE CONTROL PANEL

TYPICAL INSTRUMENT PANEL
Figure 7-25

REPORT: VB-860
7-26

ISSUED: MARCH 23, 1978
REVISED: SEPTEMBER 26, 1980

▲POH裡面的所有專有名詞必須牢牢地背起來，想要有一趟安全都飛行，一定要先跟飛機做好朋友

Ground lesson 36 engine out procedure& maneuvers-actual feather one during CPL training

進入了兩顆引擎的飛行世界，一個最重要的關鍵學習重點就是，當其中一顆引擎壞掉了，飛行員該怎麼做。這個項目在飛行課程各個階段中不斷的練習，兩顆引擎又以右邊那顆壞掉最為關鍵。我們以一個縮寫PAST來解釋這件事情：

P-P-factor：螺旋槳的左邊與右邊跟飛機中心線的距離差，產生不同的推力

A-Accelerated Slipstream：螺旋槳因為飛機重心位置，產生順時針滾動的力量

S-Spiraling Slipstream：左側螺旋槳的螺旋氣流影響到垂直尾翼

T-Torque：順時針旋轉的螺旋槳給飛機逆時針旋轉的反作用力

Ground lesson 37 Multi-engine instrument procedure& ADM- poor judgment chain

進入雙引擎飛機階段飛行速度變快了，自然做任何的判斷速度也要加快，以前碰到情況才開始做決定的方式已經不適用，在地面上就先模擬各種可能發生的事情，才不會在真實來臨的時候手忙腳亂，尤其是雙引擎的IFR飛行，帶著Hood看著儀表，跟著航圖與航管指示行動，確保每一個動作都有做到、做對，有沒有處理「Multi-tasking」的天分在這個時候就發揮了作用，同時處理這麼複雜的飛機、聽教官講話、跟航管對話、很容易發生錯亂粗心，譬如明明被指定飛右轉航向020度，嘴巴覆頌正確，可是在向右轉的過程中轉到050，讓這些數字沒有留在大腦裡，歷史上各個飛行事故都不是單一錯誤決定的產物，而是一連串的不正確判斷累積，所以除了小心處理各個決定，再不斷的質疑自己有沒有正確認知，才是飛行員的專業所在。

讓家人驕傲的一刻

台灣民航報考資格裡，雙引擎的飛行時數需要三十小時的實機紀錄，大家都很緊張能不能在時數內過關，我也不例外，但所謂船到橋頭自然直，只要夠努力什麼事情都能做到。我在29.1小時的雙引擎時數就考完了試，代表我還有0.9小時需要去飛，沒有飛超時是在學校很難得見到的，也因為這趟飛行，讓我當天在學校得到了更進一步喝采，大家都知道，我今天不是來結課，是零壓力雙引擎快樂飛行。

到這個時候總算有機會讓父母來美國玩，並帶他們坐我駕駛的飛機，一方面是想要讓他們體驗飛行的樂趣，一方面是要讓他們知道錢沒有白花。這一趟飛行，很單純的往南邊飛，過半小時之後再往回飛，讓家人看看風景，在本場做一次連續起降就結束了，剛剛好三十小時完整入手。

短短幾行字，沒辦法道出我的成就感，有幾個人可以帶著父母在天空中飛行？也許是因為平常表現不錯，受到這裡的經理喜愛，下來之後，有幾位教官站在簽派處旁邊，一位接著一位跟我父母握手，說他們的孩子非常優秀，沒有問題一定可以順利進入航空業，在美國的飛行生涯即將告一段落。

記住這一刻

與這些美國人在未來的人生中不知道還有沒有機會再碰到面，但是很確定的是，這些事情對我來說，有非常大的意義，在今天，我感覺到自己非常的有價值，這是一種被別人肯定，也被自己認可的重要感覺，我告訴自己要記著這種感覺，靠著這種感覺，相信可以很有自信的面對任何一個挑戰。

　　這天之後，我安排了很多時段，用我的愛機Sky catcher帶著父母飛，因為是雙人座的飛機，一次只能帶一個，我可以更專心地飛，讓他們握著方面盤體驗飛行，再用動態攝影機GOPRO記錄他們飛行的時刻以及美麗的外在景色，簡單的左轉、右轉、爬升，看著他們飛就像是看到了剛開始學飛的自己，每一個時刻都那麼興奮，飛行是那麼愉快，讓我也提醒自己永遠不可以忘記初衷，一定要在這個行業裡面出人頭地。在飛行過程中，偶爾惡作劇，做出一些改變G力的動作，甩尾急速下降等等，像是坐雲霄飛車的感覺，好幾次嚇壞了他們，我倒留下了很美好的回憶。

美國學飛生活尾聲

在美國的這段時間，我交到了許多的好朋友，有些是學長，有些是學弟，有些是外國人，有些是台灣人；運氣很好的，在國外這段最辛苦的時間都有當時的女朋友在旁邊陪著，三餐照顧，不讓我感覺到孤單跟無助。

學校每年都有大概七、八十個台灣學生來來去去，常常聽到有人回到台灣一等就是一年。航空公司在我在學飛的時候，似乎又因為不景氣停止招募了一段時間，對於砸了一大筆錢學飛的人來說，每從國外回來一個飛行員就會增加一筆壓力，一方面是在航空公司可能又有一個位置被搶走，另一方面是，像這麼優秀的學長都沒被公司錄取，那自己該怎麼辦？

大家常說，洗頭洗了一半，沒辦法不洗下去，心裡面的掙扎每日俱增，我每天醒來都會對著鏡子問自己，到底為什麼要這麼累這麼辛苦？答案永遠都一樣，為了進入航空業未來想要在天空飛，成為理想中的自己，那我該做的是什麼？就是把書拿出來再翻一遍。我比較杞人憂天，永遠都會思考到最糟糕的情況，我讀這麼多書幹嘛？到時候考試如果失常，表現不出應有的水準，還不是淪為被刷掉的一員，那我該做的是什麼？很簡單，那就是把書拿出來再翻一遍！

窄門永遠為努力的人開著

其實在美國壓力雖然大，但是正解永遠都只有一個，在航空業的世界裡想要順利，非常的單純。話說在美國認識的台灣人當中有一個朋友，在這裡待了三個月，聽說台灣復興航空正在招募培訓飛行員，他二話不說課程停掉

直接坐飛機回台，運氣很好一考就上，美國這邊的課程立刻正式停掉。有些人頭髮才淋濕，還有不洗的餘地，但是如果已經到一半甚至要沖水了，心裡面還是會很掙扎，現在回台灣如果考上了還可以省下多少錢等等的聲音，每天都會在空氣中環繞，可是我們永遠要記得，答案只有一個。

飛行這個行業有他要求的特殊門檻，可是跟其他行業很不一樣，我們附近大部分的飛行員在高中大學的時候，可能不是航太系，也不是理科出身，雖然血統不純正，但是這裡很棒的地方就是，不管你以前學的是什麼，只要有一些天分，又肯努力，再加上一點點的運氣，這個窄門永遠都會剛好打開讓你塞進去，然後卡在裡面，因為真的要付出非常大的心血跟很多的努力，卡在裡面之後會感覺到一個進退兩難的處境。在熱情減退的幾年之後，認為自己的努力程度與付出在別的行業甚至創業可以有更大的成就，卻因為很好的待遇無法輕易放棄，這又是一個在航空業中待久了心裡面的感受。

在這裡有各行各業的台灣人來學飛，航空景氣好的時候，我們學校會有一百多個台灣人，景氣不好的時候，也有個五、六十人來追求自己的夢想，其中包含業務、工程師、幼稚園老師、空服員、歌手、甚至是打火英雄。很好玩的地方是，大家年齡都不同，背景差異也很大，可是卻不會出現隔閡，因為大家追求的夢想都是一樣的，處在這個環境之中認識了各種人，瞭解彼此的人生，參與各自的生活，感覺非常特別。

結交各方奇人

活潑如我當然在這裡交到了非常多的好朋友，其中有一個德國人叫做Nick，他的背景更是特別，他是一個直升機飛行員訓練生。在我認識他的時候，他已經快到訓練尾聲了，我是在一間常去的咖啡店碰到他的，看到他剛好坐在我旁邊讀著飛行的書，忍不住上前打了聲招呼，閒聊今天天氣很差，所以起飛沒多久為了避免晚上回不來淪落在外面過夜，就返航回到學校了。他也跟我聊了不少學直升機還有待在這所學校裡發生的故事，他說對這間學校非常不滿意，不管是硬體設備，還是大家常遭遇到的起霧天氣都讓訓練成效非常有限，所以他打算在佛羅里達州自己開一所飛行學校。我原本還以為又來一個愛講大話的外國人，不以為意，因為他講這件事情時的態度就像是在說等等要去樓下買瓶牛奶，我打斷他的話去買了兩杯拿鐵，認真地坐下來聽他說了一段故事。

他在德國創辦了一家公司，主要是做高級船隻的二手買賣仲介，因為這間公司讓他在讀大學的時候賺了不少錢，爾後他來美國待了一年半，觀察了很久，如果可以開一間直升機學校專門提供JET時數累積的話會有利可圖。雖然講起來很簡單，但是一台JET直升機型號R66本身就要價一億台幣，我還是覺得他在講大話。過了幾天，他告訴我公司網站已經架構完成了，打算過一個月就要搬過去做硬體設備的興建。再過一個月，他真的飛了一台R66 來學校參加飛行展，這個時候我才相信，一個德國的年輕企業家有多大的行動力，他一直抱怨自己交不到女朋友，但是在發現商機跟賺錢方面似乎真得不是蓋的。最後一次跟他見面是在飛行展結束的時候開車送他去機場，雖然以後可能也不會有機會再跟這個人見面，但是在美國認識到的各個不同背景的人，讓我學飛的過程非常充實。

飛行訓練的結束連接著航空生涯的起點

今天是我學飛最後一趟的飛行，想想從一開始到現在，經歷的許多事情，不知道是與人的相處還是學飛，又或是在一個不同的國家，我對事情的想法改變了許多，人也變得更成熟，在對事情的判斷上會像一個飛行員，總是考慮到下一步，現在這個動作會帶來什麼蝴蝶效應，細心處理每件事的細節。

像往常一樣，今天天氣很好，帶著我的BOSS飛行用耳機，走向飛機、ROTATE。今天的飛行路線是我第一次Solo Cross country去的地方，美好的天氣搭配一望無際的藍色天空是我最喜歡的顏色，完全透明的空氣一點灰塵都沒有，讓我能很清楚的看到地平線，經過最喜歡的那個小山丘，看到支持著我學習各種飛行動作技巧的地標Turning tree，來到了美麗的小城鎮McMinnville Municipal Airport，下飛機參觀了他們的飛機博物館，最後再到Aurora airport，回想當初差點在第一次的考試中找不到這個機場而被Fail。

停妥飛機之後吃片每次來都會吃的熱騰騰巧克力餅乾，餅乾的旁邊有一台免費取用的星巴克自助咖啡機，還有一台微波爐，讓我的巧克力餅乾酥軟熱熱的；走向休息室外面，呼吸一口新鮮的空氣，拿著咖啡配著天空陣陣傳來的螺旋槳聲音，一種悠閒與滿足的感覺油然而生。

我知道自己一定會很思念這個地方，曾經陪我走過人生最重要階段的一個地方，曾經帶領著我航向天空的一個地方，默默地告訴自己，下次要以不同的身分再過來這裡，讓未來的我跟現在的自己說，這些日子以來的努力都沒有白費，你辛苦了。

▲與習慣的美麗地標風景說了再見，期許下次會是以民航飛行員的身份再回來這裡

找到讀書的動力

雖然台灣目前也有飛行學校，對於想成為一名飛行員的人來講，離家近，價格也不會太離譜，可是對我來說從來都不會為自己做了去美國這個選擇而後悔。在美國，我認識了很多從各個不同國家來的學生以及飛行教官，相信大家都很理解，對於培養事情的多元看法有多重要，但是這對飛行來說，也是更很重要的一環。

在跟不同國家的人做朋友以及飛行的過程中，我學習到了更高層度的CRM（Crew resource management），這是飛行員人格養成的基礎，內容是crew coordination, threat management, decision making, error management, situation awareness, workload management。

專業以外的養成

在飛行的環境中，與各個組員的配合是非常重要的。除了飛行以外，我與各國朋友常常聚在兩個咖啡廳閒聊、喝咖啡討論飛行的經過，以及自己發生的事情。這兩間很特別的咖啡店，一家是Orenco station 的Starbucks，一家是在學校附近的咖啡店Insomnia，在一個很小的社區裡面，不管是下雨、下雪、考試前、考試後、白天或晚上，我都會坐在裡面閱讀飛行書籍。

初到的時候只有自己一個人，常常跟裡面的店員聊天，雖然不知道是基於職業需要跟我聊天，還是純粹對這個從台灣來的飛行學子有興趣。在這邊我確實有一種在當地生活的感覺，這種感覺不是每天待在自己房間裡研讀可以得到的，心情好吸收能力自然也會上升；期間我認識幾個當地的美國人，成了朋友，時間久了跟著我一起來的朋友越來越多，有時候一待就是十二個小時。

習慣這種生活型態之後，我除了睡覺、吃飯、飛行以外，就是在裡面讀書，我很喜歡這邊的環境，有我最喜歡的爵士樂，也有很開闊的落地窗，還有像是在火爐旁般溫暖的氛圍。

動力是靠近夢想的捷徑

我從小就不是一個愛讀書的人，直到我痛定思過，大學的時候開始為未來著想，直到能夠在桌子前面一待就是十個小時，我發現了三個很大的重點，**第一個是對自己讀書的目的性要夠明確**，要很清楚知道，我們為什麼現在要這麼努力讀這些東西，有動力就會努力。小時候我們都是被師長逼著念，我不喜歡這種感覺，從小就不知道自己讀書是為了什麼，這也導致我的成績一直都不太好，可是讀大學的時候開始讀日文、唸英文，直到現在學習飛行，每天除了吃飯睡覺上課就是在讀書，都是在前往自己所憧憬著的未來，我能夠感覺日本像是自己的第二個家一樣，讓不同的文化融入於自己的血液裡面，我夢想著自己成為一名飛行員，坐在駕駛艙裡面，操縱著飛行的愉悅，並且享受著這份工作所帶來的生活上的快樂，每多念一個字，就讓這個美好的未來離自己更靠近。

第二個是讀書的環境，人都喜歡待在自己喜歡的地方，就像是我發現的這兩家咖啡店，它們讓我很放鬆，就算只是在裡面呆坐著喝咖啡，我也能夠不會想要離開椅子，才能夠讓自己每天都想去那邊報到。

最後是每個月、每個禮拜、每一天都**排進度給自己**，透過每天完成不同的進度再超前進度，產生的達成感，會想讓自己每天都再多讀一點，甚至在放假不用讀書的時候，都會為了那份沒有達成進度的感覺而不安，只好再把

書拿出來翻。

所以我認為很多人都說，自己不喜歡讀書，或是不會讀書、坐不住，都只是還沒有找到適合自己的方法罷了，當找到了，就可以很輕易的讓自己更靠近憧憬的夢想，每到一個新的地方，都先去找自己喜歡的Café，也成為了我喜歡的習慣之一。

▲在美國的星巴克一邊讀書一邊看著外面雪白的景色配上一杯熱美式，三五好友聚在一起討論飛行，讓我每天讀書的時間都非常快樂

Hillsboro air show

波特蘭Hillsoro Airport每年都會舉辦一個著名的盛事，那就是Air Show。雖然很多城市都會有這種活動，但是在這個美國最充滿人情味的城市裡，我覺得又是一種更特別的風味，你可以感覺到整個城市充滿朝氣，整個城鎮都在歡迎著它的到來。

運氣很好的，身為這間飛行學校的學生，在為期三天的活動當中可以拿到一張免費票，雖然只有幾十塊美金，但是對開銷很大的學生來講已經是很值得感激的事了。

當天一起床是很棒的天氣，學校四百多個學生，大部分人都會放三天假，跑到機場參加。一剛起床就聽得到天空傳來轟隆轟隆的引擎聲，這聲音跟我們平常使用的小飛機不同，是充滿動力、充滿馬力的聲音，一聽到這個聲音，體內的飛行魂瞬間醒了過來，趕緊跑到車裡往學校開去，跟幾個朋友碰完面，就往機場走去。

果然人多到機場可以滿出來，就像是演唱會站滿人一般，沒錯，當天遊客的活動範圍就是包含跑道的整個機場。這是一個很特別的經驗，滑行道上擺放著各式各樣的稀奇飛機，包含台灣的中山號、美國空軍退役的戰機等，除了園區該有的美食、啤酒，也有許多飛行大學與飛行訓練學校租借場地做展覽以增加知名度，其中一家是我在美國認識的好朋友Nick租的，他剛買了架R66直升機，拜託我用車子接著幫他拉到跑道上展示。托他的福，這三天我只要報他的名字，就可以無限帶人進來不用入場費。

啟動熱血飛行魂

在機場晃晃看看之後，終於開始了期待許久的飛行秀，起頭由U.S. Navy Blue Angels、U.S. Marine Corps C-130 Fat Albert做台灣也可以看到的編隊飛行，中間最震撼的是F16戰機用大馬力拉機頭做的慢速飛行，速度慢得程度像是漂浮在空中沒有前進，雖然這可能不是一個很高超的技巧，但是聲音跟視覺的震撼效果一流；後來還有飛行員編隊跳傘等活動。

我最喜歡的部分是馬戲飛機做的一些特技，這些飛機是為了做特殊動作而設計的，所以機體可以承受更大的壓力，例如垂直往天空一百八十度飛行，或是在高空中零動力，讓飛機垂直落下失速，加速垂直往地面俯衝，接近地面的時候再拉頭爬升，充滿了各式各樣的刺激感，晚上的活動小插曲是在普通的車子上裝置類似火箭的東西，在跑道瞬間加速衝刺，最後以煙火作為落幕。

這些秀對我們小小飛行員來說，產生很大的鼓舞作用，看著這些節目，我心裡一直想著，飛行真的是深深地吸引了我的每個細胞，懷著滿腔的熱血，我一定要達成我的夢想！

▲朋友Nick 買的R66 噴射直升機

在美國的小旅行

在每一次的大魔王考試結束之後，我都會找幾個朋友計畫旅行，散散心也慰勞自己。難得能夠在美國生活，訓練固然重要卻也不能夠忘記去探索這個國家。

這段期間我去了好多個地方，西岸主要城市都跑遍了，其中以洛杉磯跟拉斯維加斯最深得我心，身處在以前只能夠在電影中看到的著名地標，深深覺得來美國學飛是我做過最美好的決定。

大家拿著啤酒，討論著以後順利進航空公司想要去的地方，還有很多城市想要探訪，對於整個訓練的動機是越來越強烈。運氣很好，在飛行學校認識了幾個在加拿大長大的華人朋友；在大家剛考完試比較有時間的時候，我們就會三五好友開車去加拿大做小旅行、男子漢之旅。

異國遊子思鄉情

從波特蘭到溫哥華的路程大概要開五個小時，每次在美國度假都讓平時學飛時壓力很大的我們充滿了期待與歡樂。溫哥華是個華人很多的地方，所以也有很多在波特蘭看不太到的台式餐廳，在美國待了快一年，吃了許久不見的三杯雞套餐以及港式飲茶，眼淚都快流下來，這才發現我是這麼的思念台灣，平常在飛行學校努力學飛的壓力一路蓋過了自己的情緒，在這次放鬆的時候，才釋放了出來。

在開往溫哥華的路途，隨便就是動輒一百海哩的直線距離，大家不喜歡開這段路，因為很容易睡著，可是我感覺這些路上的風景一望無際，旁邊是台灣高速公路上不常見的高聳大樹，就像是人生這趟旅程一樣，看似一條不見終點的直路大道，在路邊充滿著美景吸引我的目光，可是努力前行不停滯到達最前方的轉彎處後，又會出現讓自己驚豔的人事物，以上種種都成為了我在美國很好的回憶。

異鄉人情倍感溫暖

在一次往返台灣西雅圖的飛機上，跟鄰座的一位台灣的阿姨小聊了一下，她告訴我年輕的時候移民到了西雅圖，在我們還在美國的這段期間，叫我們一定要去找她。這一次，我們開車經過西雅圖，打電話給她，她很慷慨地請了我們吃日本料理，結束之後還邀請我們去她家，她家非常的美，是在西雅圖的一個小島上，那個小島由於居民投票通過，在晚上是不准設置街燈的，以免影響到小島上美麗的氛圍；整個小島眺望西雅圖市中心的高樓美景，活像在童話世界中。

一個四層樓的房子，擁有很大的陽台，三台車、七條狗，隔壁的鄰居是比爾蓋茲。她邀請我們只要一有空就可以去她家，每次都可以聽阿姨跟我們分享在西雅圖的生活、年輕的時候打拚的過程。在美國常常會碰到這些很溫暖的人與人之間的聯繫，讓在外國很孤單的我們，覺得被關心，一股暖流進入我們的心裡。

PART 4

完成訓練回到台灣

航空公司招考備戰

回到台灣真正的挑戰才正要開始，在美國整個學飛的過程都會是我們身上擁有的籌碼，包含拿到手上的執照、飛行相關的知識以及最重要的是對於飛行這件事情的態度。

回到家裡休息了幾天，我開始瀏覽各家航空公司的招募資訊。2013年，長榮、華航、復興三家都有招募，都要求**多益成績以及必須要做的轉照考試（從美國轉換成台灣的Commercial pilot license），這兩關是我回台灣第一個準備的工作**。

在那個時期的多益只要求聽力跟閱讀的成績，現在依照航空公司不同要再加考口說寫作。去美國之前我的成績是895分，在美國待了一年半，再加上回台灣之後針對多益考題練習兩個禮拜，考了更高的935分，雖然以七百多分進入公司的人也很多，但是我相信更高的分數一定可以為自己爭取更多的機會，在公司裡面多益滿分的人也是大有人在。

接著是轉照考試，台灣民航局有一大份的資料庫，裡面有幾千題題目，分成好幾個不同的項目，上網把資料下載下來，親手把資料送到松山機場旁邊的民航局，比較不用等太久，大概一、兩個禮拜。把所有考題背下來就可以輕鬆考過，但是比較討厭的是，它的英文版本翻譯的不太好，大家還是會選中文版本的試題，而我們在美國學飛的時候用得都是英文，在轉換中英文的時候會一直覺得卡卡的，很多專有名詞都變得很陌生。

隨時保持最佳狀態

準備這兩件事情的同時，我每天都會撥出兩個小時複習飛行的東西，我把在美國學飛的知識從0-100整理出了一份重點，讓自己不要失去學習的方向，同時也會大範圍地翻閱以前用過的每一份教科書，這樣子的複習習慣我從在美國一直持續保持到進入航空公司上線之後的每一天，確保自己保持在最尖銳的狀態。

做完這些事情，我好好的評估了目前可以選擇的航空公司，考慮到公司形象以及機隊編織，我選擇長榮航空為第一首選。上網下載他們的招募簡章，花兩個禮拜準備，把公司歷史、管理者的名字、發展目標都背起來，最難的部分是自傳，因為沒有出過社會的經驗，所以不免要東問問西問問，怕自傳方向寫得亂七八糟，確定在短短幾百字之中，可以讓看這份資料的人了解我，至少可以知道我是一個怎麼樣的人。

對於一次只能專心準備一件事情的我來說，同時報考華航不是我的選項，一起回來的自訓飛行員之中，有另外兩個好朋友同時報考兩家，結果兩家都通知錄取，那他們能夠考慮的出路就比較廣，純粹是看個人選擇。

捨我其誰的自信

該準備的前置作業都做完了，只剩下接到通知去考試，這段時間是最煎熬的階段，我在電腦裡安裝了微軟的飛行模擬軟體，再加裝考試用的機型，每天早上到中午就是無止盡的練習考試科目，讓眼睛快點習慣這種機型的儀表掃描，才不會到考試的時候手忙腳亂。一開始非常的不熟悉，光起飛就用個半天，每天好幾個小時都坐在電腦前面。我在美國的恩師SK教我，在電腦旁邊放一台電視，每天邊看電視邊練飛行，不僅不會無聊讓自己可以坐更久，也可以練習在分心的狀態下飛行，這代表當我在全神貫注的狀態下去飛的時候就可以飛得更好，這個方法真的很有用。

我在面試之前，花了一個禮拜複習自己的人生，我認為一個面試，不是讓考官來考驗你，而是一個人對自我了解程度的考試，對自己目前的人生了解多少，以及這一年多來的經驗累積，我考試前發現如果真的連我都考不上，還有誰有資格考進這家公司？這讓我在面試的時候展現出了無比自信的氣場，讓機長考官在結束的時候，很滿意地在我耳邊偷偷告訴我不用擔心，毫無疑問一定會過關。

除此之外，我也到處向剛考完試的朋友蒐集資料，考試題目有哪些，自己寫了兩百題左右題目，再寫出答案背起來，讓自己不會離公司考試的方向太遠。

兩個月過去了，我在日本旅遊放自己一個假，公司的人資主管打電話給來告訴我確認錄取，我卻在旅遊中開心不起來，因為我知道，真正的挑戰，現在才正要開始。

・華航的考試流程：筆試、面試、模擬機、再一次面試

・長榮的考試流程：筆試、模擬機、面試

・我面試前自己準備的問題與例子：

1.自我介紹

2.第一次放單飛的時數

3.訓練花了多少時間

4.為什麼選擇這家航空公司

5.有沒有先考另外一家航空公司

6.對於航空公司的機隊有多少了解

7.最喜歡的飛機是什麼

8.解釋holding pattern
9.什麼是V1, V2
10.解讀METAR/TAF
11.在學飛的過程中有沒有碰到什麼困難
12.解釋Pitot/static系統
13.當飛機在跑道上引擎失效，處置方式
14.解釋runway/taxiway light/sign/marking
15.如何做出Mayday call
16.什麼是critical engine？
17.回覆approach clearance
18.最難忘的飛行經驗
19.在學飛的過程中有沒有哪個考試沒考過補考
20.側風計算
21.對飛行員生活的瞭解，成為飛行員之後可能會碰到的困難
22.身為一個飛行員的會面對的困難
23.拿普通工作與飛行員這份工作做比較
24.側風起飛落地程序
25.氣溫影響飛行操作
26.引擎失效操作
27.大學生涯，參加的社團
28.之前的工作經驗
29.為什麼想當一個飛行員
30.學飛碰到最大的困難
31.為什麼選擇我去的飛行學校

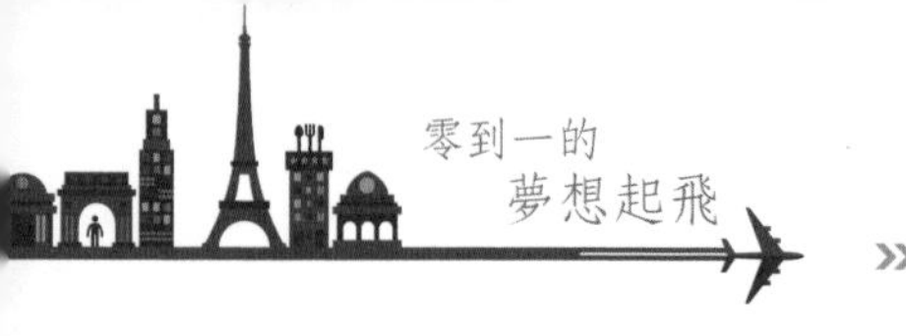

32.人生目前碰過最大的困難，如何解決他

33.針對以前飛過的飛機系統限制做提問

34.升力公式

35.大飛機跟小飛的Aerodynamic有什麼不同

36.什麼是dihedral

37.什麼是anhedral

航空公司介紹、訓練內容、各機隊生態

在2019年這個時間點，長榮航空的機隊編成以Boeing 777、Airbus 321為首，加上747、330、ATR72-600剛引進的787等機隊，有八十架左右的飛機。

進入公司之後，要先上兩個月左右的地面課程，從小飛機的螺旋槳，進階到大客機的飛行理論以及規範等將近十種科目，每一個科目要讀的內容都非常多。同學裡包含培訓、自訓以及軍退的教官，每一個梯次都不一定；我們在禮拜一到禮拜五之間要住在公司的宿舍裡，白天上課、晚上自習，甚至過了自習的時間，大家還會聚集在一起，討論明天上課的課程，是非常精彩的兩個月。

機隊決定飛行員生活型態

結束了地面課程以及考試，就到了最重要的抽機隊，這個部分會大大影響接下來的人生。如果是330或是777、747之類的長程機隊，時數累積很快，主要是飛美國或歐洲的機場，時數一趟來回二十五至三十五個小時，在飛機上還會有輪休睡覺的時間，但是就算是在飛機上睡覺，也算是飛行員的飛行時數；一個月兩趟長班，再搭配一個短班，很快就達到了公司的保障基本時數75小時，這以上的時間都算是超飛，可以領兩倍的時數薪水；一個月在國外的時間Layover以外，在台灣還可以有12天左右的DO-Day Off，只是這樣子的大機隊有非常多的人，常常必須和不認識的人一起工作，上班除了比較緊張，也會有時差問題，如果是個不容易睡著的人，身體的健康狀態很容易受到影響。

短程機隊321主要以大陸、日本以及東南亞為地點以及ATR國內線的操作，因為飛行時數比較短，所以幾乎都是當天來回。兩個機隊的DO 都比較少，大概八天至十一天一個月；321的時數比較多，旺季會突破七十五小時，ATR的話一個月平均五十幾小時累積時數比較慢。國內線目前都是飛四腿班，譬如一天去兩次金門，一天去兩次馬祖等等，好處是每天飛來飛去像是一個大家庭，大家都很熟，上班就沒有太大的人際關係壓力，而且很多時段從報到到下班不用六個小時，一方面可以大量練習起飛降落的技巧，又可以在家裡陪家人、陪小孩長大，所以很多年輕飛行員時數夠了，就會來國內線升機長。

進到不一樣的機隊之後，開始三十幾堂課左右的模擬機課程。大家會在上課之前用海報模擬練習每天的課程，進入模擬機要先把自己給準備好，才不會手忙腳亂。接下來到桃園機場做真飛機的繞場訓練，叫做「Local Check」，除了在模擬機每次上課都像是在被扒皮以外，Local check這個繞場考試真的是這幾年來的訓練最後一個大魔王，過了之後就可以拿到民航局核發的執照，真的要開始載客開始飛行生涯了。

雖然之後還要經過三十腿左右的航路訓練，跟訓練機長一起飛，確定我們在各個方面都是安全的才可以正式上線，這個也要花三個月左右的時間，不過當開始飛真飛機，一切只要快快讓自己習慣這個模式，以及下班繼續努力讀書，其實是相對輕鬆的了。開始飛行之後三至四年更換機隊，去不同的位置做不同的操作，是民航業的常態，生活習慣也得隨著機隊作轉變。

擇你所愛，愛你所擇

而華航則以330 跟 747 為主，加上340、777、737以及剛引進的350等機型，擁有將近一百架的飛機，受訓型態跟長榮差不多，在地面課程的階段不用住在公司裡面，跟長榮航空比起來自由許多，兩邊都有自己的工會，歷史留名的空服員罷工讓他們爭取到了該有的權益，是長榮航空所沒有的，這或許會在未來給台灣的航空業帶來一些衝擊以及改變。

了解自己是什麼人，看自己的喜好再去選擇想要效力的航空公司，因為到上線要做的努力太多了，所以常常會有飛行員把這份努力的情感投射到公司裡面，只會讓自己過得不開心，得失心太重，其實對我而言，不管是哪家公司，都只是一份工作，我提供自己的技術，並不是把人生給賣給了公司，這樣會過得比較輕鬆快樂，純粹的去享受這份工作所帶來的快樂與好處，也才可以健健康康的一直做下去。

光芒與陰影共存的飛行生涯

努力了將近四年，終於進入航空公司開始飛民航機，原以為我的人生會如我意，品嚐達成夢想的充實感，可是我卻與之相反進入了人生最大的低潮。

這三年來，我一直很努力追逐夢想，每天就是加油加油一直讀書，想辦法離夢想更近一點，當真正達成了目標，成為了一名民航業的機師，我卻不知道該怎麼樣過自己的生活，沒辦法適應沒有努力方向這件事。那個階段的我常常自問：當一個人的夢想成真了，他變成了一個怎麼樣的人？他變成了一個沒有夢想的人，這樣子他還會開心嗎？

我每天除了上班，不知道自己該做些什麼事情，我花了好一陣子的時間適應調整自己的心態，希望能夠快樂過生活，並且去尋找其他的目標。寫這本書幫助想要成為飛行員或是踏出這一步去追尋任何夢想的人，也是我一個新的目標。

飛行員的寂寞

除此之外，我記得航空公司面試時，考官問我：「你認為成為一個飛行員，生涯可能會碰到什麼問題？」我告訴他：「時差的適應，以及自己的健康。」畢竟我們每一段時間就要做體檢，過不了這個體檢，我們也就是失去了飛行的資格。他告訴我這確實是一個很大的問題，可是除此之外還有一個更大的問題，那就是「寂寞」，他說飛行員每次都要飛不同的地方，在外人看起來，是非常光鮮亮麗，可是也就因為這樣，當我們在工作的時候碰到壓力，需要傾訴苦處時，別人沒有辦法理解，對圈外人來說，出國是一件很快樂的事情，殊不知我們飛一趟荷蘭或是巴黎會有多辛苦，不只是飛行員連空服員也是一樣的情況，所以當你有一個空服員的女朋友甚至只是普通朋友，一則小小的關心，都會讓人感到大大的感動。

再者，因為排班制的關係，逢年過節與重要的人特別的日子，也常常無法如願待在他們的身邊，這點常常會讓人感到很無力，情感的交流是這麼疏遠。有一個資深機長曾說，他在成為飛行員之前有很多很好的朋友，現在他的朋友只剩下飛行員跟嘴巴飛行員；所謂的嘴巴飛行員就是在這個時候看你有很好的出路，滿口嚷嚷著你沒什麼了不起，自己只要花時間也可以辦到的人，雖然不是每個人都這樣，但是一直聽到朋友們看輕自己的努力跟工作，相信滋味不會很好。所以在踏出這一步飛行之夢之前，仔細想想，自己是不是只看到了工作亮麗的地方，而沒想過能不能忍受這些與光芒共存的陰影處。

飛行員的福利與日常生活

說到飛行員的生活，不妨先說說飛行員的福利：

1.根據公司與飛行機種的不同，薪資會有些不一樣，以國內遠東以及華信航空的副機長來說，大概落於一個月十萬到二十萬之間，長榮以及華航大概在二十萬左右。飛行員會有所謂的「Perdiem」，稱之為誤餐費，從報到時間算起到勤務結束，長榮每個小時會有三塊錢的美金，華航經過空服員公會的奮力爭取，跟飛行員一起調到每小時五塊錢，不要看這個小小的金額，如果是長程機隊例如波音777或是747一執勤就出去好幾天，每個月三百小時左右的誤餐費，乘以五就是一千五美金，而且這個Perdiem 是不用繳稅的，扎扎實實一年就大概六十萬！進公司順利完訓成為副機長，一年可能達到三百萬左右的薪資，而之後如果升機長又會更好，一年四至五百萬。經過一段時間的時數跟經驗累積，有些人會跳槽到越南大陸或是中東等國家，這些國家福利又是好上加好！每個月兩萬美金的薪水還有各種補助包含住屋、子女教育等等。

2.每年固定的116天休假，加上進入公司年假一年二十一天起跳，隨著年資成長（依公司規定不同），另外再加上依照機隊各時期人力狀況不同，可能會有十天到三十天的待命，若沒有臨時被抓飛，總共不用上班的日子有一百五十到一百七十天左右。

3.員工折扣票：家人也可以跟著享受這個福利，包含父母、老婆以及小孩，每年都會各有一張免費機票，可以免費搭乘公司飛的任何航線。

如果是很愛旅遊的人，一張免費機票根本連塞牙縫都不夠，所以還有每年可以無限使用的神票「ID90」，付出機票票面價一折的價錢，只要有空位就可以不限次數搭乘公司任何的航班，「ZED」票，屬於航空公司聯盟。以長榮航空來說，世界有合作的公司達數十間，我們可以用非常低的價錢購買各公司的機票，以哩程數來計價，飛到日本大概要四千塊錢含稅，飛到美國的話大概八千塊含稅。另外，以長榮的飛行員來說，我們還可以申請所謂的「SNY」，穿著制服帶著飛行標準裝備，跟著執勤組員上飛機免費飛到任何公司有飛的地方！

用熱情豐富生命

我之前是在國內線的機隊服務，一個月休十天假左右，上班的時候正常來說五到八個小時，都是四腿班，也就是兩個來回，地點是台灣的離島或是東岸，所以每天都可以早早結束工作回家，如果是早班的話五六點報到中午左右就下班了，下午的話十二點到三點之間報到，六點到九點多之間就下班了。

我喜歡利用空餘的時間寫寫書、讀讀外文，或是跟朋友出去玩樂、品嚐美食。每個月我會用年假加上四天的指定休假去國外旅行；我會想成為一個飛行員很大的原因是想要多看看這個世界，所以每年會去十次短的旅行，日本、韓國、新加坡之類的三天兩夜加上四次較長的旅行。我上線第一年去的地方是舊金山、洛杉磯、紐約，第二年去的地方是巴黎、夏威夷、溫哥華以及倫敦。對於熱愛旅行的我，這份工作無疑給了一份很大的福利，也是我最需要的。

除了這種探索世界的生活型態，也有另外好幾種不同的飛行員生活，像是利用飛行之餘的時間把假期集中在一起到法國藍帶廚藝學校拿執照，回台

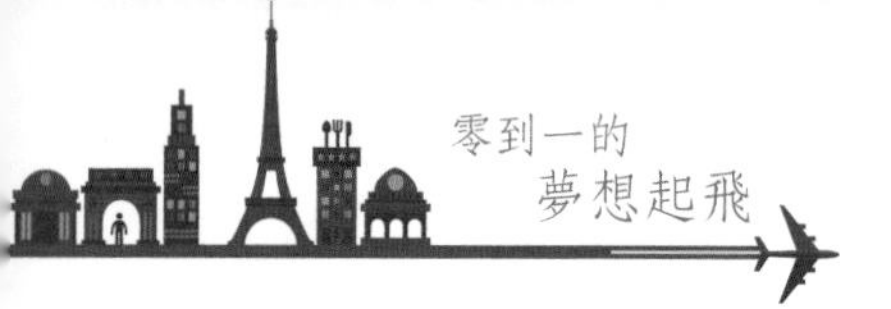

灣開餐廳或是加盟店，引進中國的高價茶類產品自己創業等等，利用充裕的飛行外時間來做副業的人很多。我認為會想當飛行員的人有一部分是很喜歡挑戰事情的，跟我一樣會想讓生活跟人生更進一步，做更多的事情、做更多的挑戰。

另外還有一種是很喜歡戶外活動的，他們可以利用常出國的職務之便，去世界各個國家打高爾夫球、衝浪或是滑雪。有許多飛行員朋友會在晚班之前，把整個早上拿去烏石港衝浪，下午再到松山機場上班。

我認為當機票已經不是一個問題，世界各個國家的距離也就隨之消失了，最重要的是一份心，**當得到了這份令人稱羨的工作，如何不讓生命停滯，做更多方面的嘗試，更加的瞭解自己也才可以讓生命更加豐富。**

夢想仍在，莫忘初衷

「你好，你下個禮拜之後的班表已經全部取消了，下個月之後請開始777機隊的轉訓。」就在一次飛金門的晚班結束，走出松山機場的時候，我接到了公司長官打來的電話，告知我即將結束三年多來的國內線生活，準備迎接新的挑戰。

盼望了這麼長的時間，以為當這天來臨的時候會笑到嘴巴裂開來，但我呆坐在機場的沙發上久久不能回過神。原來這些日子是會結束的，從訓練到上線，從懵懵懂懂熟悉公司文化到現在舒適期待每天的上班，一次又一次的心態調整，在ATR飛的時候每次看到國際線的朋友們可以飛到世界各個漂亮的地方，心裡很是羨慕，這跟開票出國玩是不一樣的感覺，能夠駕駛著大飛機到想去的國家，且時常去不同的外站，這跟旅遊不一樣。

國際線生活一直是我所憧憬的，剛開始飛國內線的時候，我感覺到自己當初學飛時候的目標一直沒有達成，一顆心懸著好長一段時間，我不斷告訴自己，工作只是人生中的一到三，而三到九十七之間的生活才應該是我的重心，最後的九十七到一百則是要回饋社會以及自己身邊的人，經過調適我開始習慣並且喜歡上這種每天上下班平淡的日子，也成了我的舒適圈。

飛向憧憬的國際線

打起精神面對這突如其來的轉訓，回到家當天立刻從公司網站下載777的手冊，也跟學長們要了各個整理過的資料，這才發現，雖然都是在同一家公司服務，但是因為國內線與國際線的操作環境差異太大，不會的東西非常多。花了大概一個月的時間自我準備與地面課程，確定自己已經記起所有該會的東西，才開始模擬機的挑戰。扎扎實實的三十六堂模擬機讓我們有很充足的時間可以做各種不同的練習；模擬機是二十四小時運作，常常會要在半夜朝公司前進，昏昏欲睡的同時面對好幾次的機艙失壓，又是失火又是引擎失效，不得不說每天晚上的緊急程序練習帶來很大的壓力。

四個小時的訓練，回到家之後太陽也差不多升起，睡場覺補充體力，下午起床再複習自己沒做好的地方，記熟晚上的課程，吃飽飯又要再度往公司前進。模擬機的課程在兩個月的奮戰結束後，才終於可以好好地休息，趁航路訓開始前的短暫幾天休假，去了日本旅遊放鬆一下，但就算是在國外旅行，我還是會帶著準備好的筆記本，每天走到哪休息的時候，在咖啡店裡拿出來翻一翻，才繼續接下來的行程。

壓力與夢想共存

回到台灣正式進入777做航路訓鍊，三十二腿的航路訓，第一次進到真正大飛機的駕駛艙，從原本一萬多英尺變成三萬多英尺的巡航高度，從原本的兩個位置，到現在的四個座位，從原本的兩個空服員，到現在的十六個空服員，巨大的轉變讓我非常緊張，加上操作環境原本都在台灣，比起現在飛到各個國家，飛越不同國家的領空，每個國家又都有自己的不同的法規，讓我不知所措，花了好多時間才適應。永遠記得第一趟長班飛舊金山，經過十幾個小時後終於落地，下機後看著漂亮停妥的飛機，那種成就感是不可言喻的。

由於國內線每趟最多一個小時出頭就可以落地，國際線大部分都是十幾個小時的長班，最不適應的就是屁股要一直坐在位置上好幾個小時，有時候熬夜一整個晚上，在飛機上的輪流休息時間又沒有睡好，到了落地的時間頭腦根本不清楚，昏昏沉沉的操作飛機準備落地，一時之間出現了飛ATR時候的習慣，在比較低的高度才降低下降率，卻因為777慣性比較強，來不及平飄，扎扎實實地砸在地上差點重落地，如果超過一定G 值的話飛機是需要做結構檢查看有沒有損傷的，從此之後我都會告訴自己一定要隨時保持頭腦的清醒，越快習慣長程的飛行，也就越不會讓如此的事情再次發生。

為期三個月的航路訓練，一眨眼就結束，龐大的壓力永遠都在，如何與壓力共存讓自己成為一個更好的飛行員是每一趟飛行的課題。

現在每個月的長班，我都會帶一本想看的書，利用在外站的時間讀讀書，走走看看每個城市，同時瞭解各個國家不同的歷史；又因為長程機隊的特性，每個月都會有一個禮拜左右的連假，好好的安排自己的時間，不浪費每個月的假日充實自己學習新東西，是我現在最喜歡做的事情。

好不容易兜了一大圈終於達成了自己的夢想——成為了一名大型航空公司國際線飛行員，零到一的夢想起飛。四年多的努力讓我從零到一站上了自己的起跑點，今後我也期許自己不會愧對這份工作與後面的乘客，盡最大的努力，完成之後的一到一百，成為一名更專業的飛行員。

國家圖書館出版品預行編目資料

零到一的夢想起飛／鎖國璽著. --初版.--臺中市：白象文化，2019.5
面； 公分
ISBN 978-986-358-809-2（平裝）
1.飛行員 2.飛機駕駛
447.8 108002929

零到一的夢想起飛

作　　者　鎖國璽
校　　對　鎖國璽
專案主編　林孟侃
出版編印　吳適意、林榮威、林孟侃、陳逸儒、黃麗穎
設計創意　張禮南、何佳諠
經銷推廣　李莉吟、莊博亞、劉育姍、李如玉
經紀企劃　張輝潭、洪怡欣、徐錦淳、黃姿虹
營運管理　林金郎、曾千熏
發 行 人　張輝潭
出版發行　白象文化事業有限公司
412台中市大里區科技路1號8樓之2（台中軟體園區）
出版專線：（04）2496-5995　傳真：（04）2496-9901
401台中市東區和平街228巷44號（經銷部）
購書專線：（04）2220-8589　傳真：（04）2220-8505
印　　刷　基盛印刷工場
初版一刷　2019年5月
初版二刷　2020年12月
定　　價　420元